Laura Isabel Alvarez Quiñones

Mantenimiento Predictivo de Transformadores de Distribución

Laura Isabel Alvarez Quiñones

Mantenimiento Predictivo de Transformadores de Distribución

Caso de Estudio: Departamento del Cauca (Colombia)

Editorial Académica Española

Imprint
Any brand names and product names mentioned in this book are subject to trademark, brand or patent protection and are trademarks or registered trademarks of their respective holders. The use of brand names, product names, common names, trade names, product descriptions etc. even without a particular marking in this work is in no way to be construed to mean that such names may be regarded as unrestricted in respect of trademark and brand protection legislation and could thus be used by anyone.

Cover image: www.ingimage.com

Publisher:
Editorial Académica Española
is a trademark of
Dodo Books Indian Ocean Ltd., member of the OmniScriptum S.R.L Publishing group
str. A.Russo 15, of. 61, Chisinau-2068, Republic of Moldova Europe
Printed at: see last page
ISBN: 978-620-3-87372-6

Dedicado a Dios por esta meta culminada, a mi hijo y a mi esposo por su apoyo, compañía y comprensión ...

Agradecimientos

Los autores de este trabajo desean expresar sus agradecimientos a la Compañía Energética de Occidente por facilitar los datos de los transformadores de distribución del Departamento del Cauca (Colombia); a la Universidad del Cauca y la Universidad del Valle por todos los recursos académicos y científicos prestados.

Especial agradecimiento al director de esta tesis de maestría PhD. Carlos Arturo Lozano Moncada y co-director PhD. Ferley Castro Aranda por su compromiso, apoyo, dirección y el rigor que entregaron durante la realización del proyecto. Igualmente, el más sincero agradecimiento y reconocimiento al PhD. Diego Alberto Bravo Montenegro de la Universidad del Cauca por su orientación, atención y aportes que contribuyeron a concretar los resultados finales de esta tesis.

Resumen

Actualmente, en el Departamento del Cauca, el mantenimiento a los transformadores de distribución tiene un enfoque más correctivo que preventivo. Según datos de la Compañía Energética de Occidente en el 2016 se tuvo un reporte de 1297 transformadores quemados, lo que significó elevados costos por su reposición y por la energía no suministrada debido a la suspensión de servicio. Se registran diversas causas de quema, desde manipulación por terceros, sobrecarga, falta de poda por baja tensión, y la más recurrente: descarga atmosférica. Debido a fallas en la programación de un adecuado plan de mantenimiento preventivo y el difícil acceso a algunos transformadores rurales, no todos los equipos cuentan con las protecciones (DPS, cortacircuitos, fusibles, sistema de puesta a tierra e interruptor por baja tensión; si aplica) instaladas adecuadamente para afrontar las condiciones de operación y garantizar su continuo funcionamiento. Es entonces cuando surge la necesidad de elaborar planes de mantenimiento predictivo que ayuden a evitar o disminuir el riesgo de falla, con base en los requerimientos del regulador del sector eléctrico, mejorar la calidad del servicio a los clientes y optimizar el uso de los recursos asignados al área de mantenimiento.

El propósito de este trabajo es describir una metodología que se ha establecido para programar el mantenimiento predictivo de los transformadores de distribución en el departamento de Cauca (Colombia) mediante aprendizaje automático. La metodología propuesta se basa en un modelo predictivo de clasificación que encuentra el número mínimo de transformadores de distribución propensos a fallar. Para verificar esto, el modelo fue implementado y probado con datos reales en el departamento del Cauca (Colombia). Esta metodología es una herramienta útil para la toma de decisiones, que proporciona una solución ideal para los problemas de programación del mantenimiento predictivo de los transformadores de distribución.

Palabras clave: Transformadores de distribución, Machine learning, Planificación de mantenimiento, Mantenimiento predictivo.

Abstract

Currently, in the Department of Cauca, the maintenance of distribution transformers has a more corrective than preventive approach. According to data from the Compañía Energética de Occidente, in 2016 there was a report of 1297 burned transformers, which meant high costs for their replacement and for the energy not supplied due to the suspension of service. Various causes of burning are recorded, from manipulation by third parties, overload, lack of pruning due to low voltage, and the most recurrent: atmospheric discharge. Due to failures in the programming of an adequate preventive maintenance plan and the difficult access to some rural transformers, not all equipment has the protections (SPD, circuit breakers, fuses, grounding system and low voltage switch; if applicable) properly installed to cope with operating conditions and ensure continuous operation. It is then when the need arises to develop preventive maintenance plans that help avoid or reduce the risk of failure, based on the requirements of the electricity sector regulator, optimize the quality of service to customers and improve the use of allocated resources. to the maintenance area.

The purpose of this work is to describe a methodology that has been established to program the predictive maintenance of distribution transformers in the department of Cauca (Colombia) using machine learning. The proposed methodology is based on a predictive classification model that finds the minimum number of distribution transformers prone to failure. To verify this, the model was implemented and tested with real data in the department of Cauca (Colombia). This methodology is a useful decision-making tool that provides an ideal solution to predictive maintenance scheduling problems for distribution transformers.

Keywords: Distribution transformers, Machine learning, Maintenance planning, Predictive maintenance.

Lista de Contenidos

Lista de Figuras

Lista de Tablas

Introducción General

El transformador de distribución es considerado uno de los componentes eléctricos más importantes en los sistemas de distribución, [?] debido a que es, gracias a él, que el usuario final recibe la energía eléctrica en una forma aprovechable. Para el operador de red es indispensable mantener y cuidar sus equipos con el fin de garantizar continuidad y calidad en el suministro eléctrico, [?]. La gestión del mantenimiento para una empresa de distribución de energía eléctrica busca prevenir o disminuir el riesgo de falla, recuperar desempeño, incrementar la vida útil de sus activos, cumplir con las normas técnicas, ambientales y de seguridad vigentes, mejorando los índices de confiabilidad y la imagen empresarial mediante la calidad del servicio, [?]. Se hace diferencia entre tres tipos de mantenimiento: correctivo, preventivo y predictivo. El mantenimiento correctivo se basa en reparar las fallas a medida que estas ocurren; no requiere ninguna planificación y para realizarlo se suspenden los procesos abruptamente. El mantenimiento preventivo tiene un carácter más sistemático; se realiza en tiempos y rutinas de actividades programadas que monitorean el estado del equipo buscando mantener su funcionamiento y reducir el desgaste. Por último, el mantenimiento predictivo es más tecnológico y se fundamenta en predecir las fallas a partir de la relación de variables de operación y el estado del equipo, [?].

En el sector eléctrico existen varias técnicas de implementación tales como: el Mantenimiento Centrado en la Confiabilidad (RCM), el Mantenimiento Basado en el Riesgo (RBM), el Mantenimiento Productivo Total y el Análisis Causa Raíz. El RCM es una técnica para elaborar un plan de mantenimiento que disminuye las interrupciones de los procesos; en este caso en particular, suspensiones en el servicio de energía eléctrica por averías imprevistas. Para esto se analizan los fallos potenciales del sistema a profundidad y se identifican las acciones a realizar para evitarlos. El RBM tiene en cuenta los riesgos del sistema; no solo considera la probabilidad de ocurrencia de la falla sino también sus consecuencias, [?]. Al combinar este análisis del riesgo con los requisitos financieros y los recursos humanos de la empresa distribuidora de energía, es posible priorizar los programas de mantenimiento y mejorar los resultados, [?], [?].

Hoy en día, el mundo está atravesando la llamada "Cuarta Revolución Industrial", que se caracteriza por integrar sistemas físicos y digitales en pro del desarrollo [?] de los diferentes servicios que se prestan a los clientes; en el caso del sector eléctrico, por medio de la recolección de gran cantidad de datos que contienen información de procesos y eventos relevantes que ocurren en un periodo determinado [?], [?] se logra tener un conocimiento de las diferentes condiciones de operación de la red y de cada uno de sus componentes. Mediante el tratamiento y análisis de estos datos, es posible plantear estrategias de mercado, reducción de costos, reducción de fallas y reparaciones en máquinas, disminución de inventarios, entre otras, [?]. Algunas de las herramientas usadas para analizar la cantidad de datos disponibles son técnicas basadas en Inteligencia Artificial, [?].

La inteligencia artificial (IA) comprende varios algoritmos en un agente flexible que comprende su entorno simulando capacidades del ser humano. Actualmente se encuentra aplicada en la detección facial en teléfonos móviles, asistentes virtuales como Siri y sistemas de búsqueda. Sus avances tecnológicos estimulan el uso del Big Data debido a la capacidad de procesar grandes volúmenes de información, [?]. El aprendizaje automático, más conocido como Machine Learning, es una de las ramas de la IA y utiliza métodos computacionales para "aprender" a partir de la experiencia. Utiliza la información contenida directamente en los datos sin depender de un modelo matemático; esta versatilidad hace que se aplique en la clasificación de secuencias de ADN, comprensión de textos, vehículos autónomos y robots, diagnósticos médicos, detección de fraudes en transacciones virtuales, predicción del tráfico, en finanzas para identificar patrones de inversión, en marketing para identificar público objetivo mediante redes sociales, y cuenta con potencial para muchos campos más.

En el sector eléctrico, a nivel del operador de red, es posible implementar estas estrategias para mejorar los indicadores de confiabilidad y calidad del servicio; desde el punto de vista del mantenimiento, el tiempo de operación de un equipo es un aspecto relevante, [?], [?], por lo que identificar y solucionar las fallas del mismo, sin llegar a suspensiones del servicio no programadas, es de gran interés. En este proyecto se pretende resolver el problema de la reducción de fallas en los transformadores de distribución, haciendo uso de los datos históricos recopilados por el operador de red (Compañía Energética de Occidente) en el Departamento del Cauca. Se espera procesar y optimizar este volumen de datos usando la técnica denominada Machine Learning, basada en principios estadísticos, dado que, por su naturaleza, este método es ideal para identificar patrones, tendencias y relaciones, [?],

[?].

A nivel internacional, problemas similares son abordados con diferentes técnicas de optimización, como las redes neuronales, que son otra forma de IA [?], [?], con la desventaja de necesitar mayor carga computacional por cada neurona implementada. Otra herramienta para la toma de decisiones es la Lógica Difusa [?] que presenta el inconveniente de necesitar todas los escenarios posibles contemplados en su algoritmo y ante una condición desconocida, puede no arrojar resultados, lo cual le quita autonomía. También están todos los métodos de optimización convexa [?], como la programación lineal que utiliza una función objetivo para maximizar o minimizar un resultado y en sistemas complejos donde no se conoce explícitamente cómo se relacionan las variables, puede ser un problema lograr determinar esta función objetivo.

Actualmente, en el Departamento del Cauca, el mantenimiento a los transformadores de distribución tiene un enfoque más correctivo que preventivo. Según datos de la Compañía Energética de Occidente, en el año 2016 se tuvo un reporte de 1297 transformadores quemados, lo que significó elevados costos por su reposición y por la energía no suministrada debido a la suspensión de servicio. Se registran diversas causas de quema, desde manipulación por terceros, sobrecarga, falta de poda por baja tensión, y la más recurrente: descarga atmosférica. Debido a fallas en la programación de un adecuado plan de mantenimiento preventivo y el difícil acceso a algunos transformadores rurales, no todos los equipos cuentan con las protecciones (DPS, cortacircuitos, fusibles, sistema de puesta a tierra e interruptor por baja tensión; si aplica) instaladas adecuadamente para afrontar las condiciones de operación y garantizar su continuo funcionamiento. Es entonces cuando surge la necesidad de elaborar planes de mantenimiento preventivo que ayuden a evitar o disminuir el riesgo de falla, con base en los requerimientos del regulador del sector eléctrico, mejorar la calidad del servicio a los clientes y optimizar el uso de los recursos asignados al área de mantenimiento.

Para cubrir estas necesidades se requiere evidenciar problemas crónicos y esporádicos en el sistema, las zonas de mayor reincidencia, las causa y el análisis de las mismas. De esta forma, se podrán tomar decisiones más científicas, económicas y operativas con respecto a los planes de mantenimiento preventivo. Pero, ¿Como predecir las fallas en los transformadores de distribución optimizando los recursos asignados al área de mantenimiento?

En este trabajo se propone usar Machine Learning como técnica de clasificación debido a la naturaleza y volumen de los datos; con ella será posible clasificar y priorizar planes de mantenimiento [?] prediciendo comportamientos futuros [?], ajustado a las características de la empresa y sin desarrollar un modelo matemático complejo [?], [?]. Además, la Compañía Energética de Occidente se destaca entre las empresas más innovadoras de Colombia, según el escalafón que realiza la ANDI y la revista Dinero desde su primera participación en el 2018, por lo que tiene un gran interés en la implementación de nuevas tecnologías, en la toma de decisiones con base científica para continuar sobresaliendo a nivel nacional e internacional.

Objetivos

Objetivo General

Plantear una metodología para la gestión del mantenimiento predictivo de transformadores de distribución, teniendo en cuenta indicadores de confiabilidad y la evaluación de riesgos en el Departamento del Cauca, usado técnicas de Machine Learning.

Objetivos Específicos

- Elaborar una revisión bibliográfica de las metodologías de gestión de mantenimiento predictivo en sistemas de distribución, enfocadas en el transformador de distribución.
- Revisar y analizar la información de daños en transformadores de distribución en las redes en uso en el Departamento del Cauca y su impacto económico en la empresa.
- Implementar el uso de técnicas basadas en AI (Artificial Intelligence), particularmente Machine Learning, en las metodologías de mantenimiento predictivo.
- Desarrollar una metodología que integre las estrategias de mantenimiento basada en confiabilidad y los riesgos del componente eléctrico.
- Proponer la implementación de la metodología desarrollada para optimizar los recursos y la priorización de planes de mantenimiento, en las redes de distribución del Departamento del Cauca.
- Determinar el beneficio económico de la aplicación de las estrategias de mantenimiento predictivo, producto de la implementación de la metodología.

Organización de la Tesis

El presente documento está compuesto de cuatro capítulos. En el primero de ellos se presenta una revisión de la gestión de mantenimiento predictivo en sistemas de distribución, enfocada en el transformador de distribución como elemento de red y el Machine Learning como una alternativa para la metodología de mantenimiento predictivo.

El capítulo dos está dedicado al transformador de distribución; se exploran las consecuencias de las fallas de estos elementos y cómo es afectado el usuario final para comprender el impacto sobre el operador de red. El capítulo tres se refiere a la metodología para la gestión del mantenimiento predictivo en transformadores de distribución así como su implementación en equipos ubicados en el departamento del Cauca. En el capítulo cuatro se describen y analizan los resultados obtenidos a partir de la implementación de la metodología propuesta en el capítulo anterior, con los datos obtenidos del operador de red; también se muestra el análisis financiero de la propuesta. Finalmente, se escriben las conclusiones y perspectivas de este trabajo de maestría.

Capítulo 1

Revisión sistemática de la gestión del mantenimiento en sistemas de distribución

1.1. Introducción

El mantenimiento puede definirse como un conjunto de actividades que se realizan con el fin de garantizar que los activos continúen desempeñando sus funciones de forma prolongada y continua; por lo tanto, la gestión de éste consiste en mantener y administrar los recursos de la empresa para que la distribución de energía eléctrica se lleve a cabo de forma efectiva y con las menores interrupciones posibles. Mediante un mantenimiento óptimo se asegura la disponibilidad y confiabilidad en la operación de los sistemas de distribución.

En este capítulo se presentan las metodologías de gestión de mantenimiento predictivo en sistemas de distribución, enfocadas en el transformador de distribución como elemento de la red y el uso de técnicas basadas en AI (Artificial Intelligence), particularmente Machine Learning, en las metodologías de mantenimiento predictivo.

1.2. Mantenimiento centrado en la confiabilidad (RCM)

La confiabilidad es la probabilidad que tiene un activo fijo de operar sin falla bajo un determinado periodo de tiempo (por lo general un año o según las políticas y necesidades de la empresa) y bajo ciertas condiciones de operación establecidas. Es una medida cuantitativa de la posibilidad de que un evento ocurra, [?].

El Mantenimiento Centrado en la Confiabilidad (RCM), es una metodología utilizada para implementar políticas de mejoramiento a los sistemas de distribución de las empresas. De esta forma es posible identificar las diferentes causas de falla para reducir el costo de mantenimiento, aplicando el análisis de causa raíz junto con herramientas estadísticas para predecir un evento en los diferentes elementos que componen la red de distribución, [?].

En la metodología de RCM se definen las estrategias más apropiadas para cada sistema, teniendo en cuenta sus condiciones de operación reales de forma estructurada, estableciendo un conjunto de tareas que deben evitar o reducir drásticamente los modos de falla o sus consecuencias. Mediante esta técnica, es posible precisar cuándo una actividad de mantenimiento es necesaria desde el punto de vista técnico y viable económicamente, [?]. Los planes de mantenimiento que surgen a partir del RCM cuentan con una eficiencia y eficacia que ayudan a mejorar la toma de decisiones en cuanto a la gestión de los sistemas.

Al implementar el RCM en un sistema de distribución se realiza un seguimiento a las condiciones del mismo para resolver problemas de confiabilidad, no de forma aislada sino integrando todos los elementos del sistema a través del análisis de las funciones en conjunto y sus implicaciones ante un evento de falla. Es importante que para poner en marcha el RCM se realice una valoración económica y de riesgo, aplicando un análisis de criticidad que ayude a definir el conjunto de activos prioritarios sobre los que se debe centrar la atención, [?]. En la Figura **1-1** se presenta un diagrama esquemático general que muestra la estructura para aplicar la metodología RCM.

La etapa preliminar está dedicada principalmente a la definición, delimitación, adquisición de datos y tratamiento de los mismos. Es aquí donde se seleccionan los componentes de la red que se tendrán bajo estudio y se determinan los estándares deseados del sistema eléctrico de distribución. El análisis es posterior a la adquisición de datos del sistema; se priorizan los componentes críticos y se identifican los modos de falla y sus causas. Es posible modelar la tasa de falla basándose en la condición de operación y evaluando los

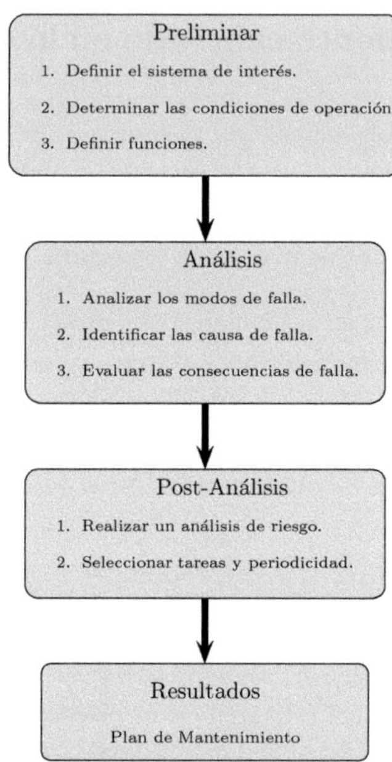

Figura 1-1: Diagrama esquemático general de la metodología RCM. [Propio]

índices de confiabilidad. El post - análisis se enfoca en evaluar el riesgo de la ocurrencia de los modos de falla analizados y propone las posibles actividades de mantenimiento que podrían ser aplicadas a los componentes críticos, teniendo en cuenta los recursos humanos, financieros y energía no suministrada. Finalmente, tras realizar todos los pasos anteriormente mencionados se construye el plan de mantenimiento.

La metodología de RCM es utilizada para la gestión del mantenimiento en sistemas de distribución debido a las siguientes ventajas:

- Permite determinar un tiempo esperado para las fallas.
- Permite establecer un tiempo durante el cual no se esperan fallas.
- Suministra una medida de la propensión a fallar de un componente en un tiempo futuro.

- Permite conocer la probabilidad de que un componente sobreviva tiempos adicionales (más allá de su vida útil) de operación cumpliendo su función.
- Permite determinar el grado de seguridad de un sistema.
- Brinda argumentos para tomar decisiones racionales en la gestión del mantenimiento.

1.2.1. Curva de la bañera y tasa de falla

La curva de la bañera es una representación gráfica de las fallas de un sistema o componente del mismo durante su tiempo de operación. Este gráfico tiene en cuenta las fases por las que pasa un equipo o máquina hasta llegar a ser dado de baja por avería tras haber agotado su vida útil. Todo elemento tiene su propia curva de la bañera; es diferente para cada equipo y su concepto es fundamental para el estudio de la confiabilidad.

Es posible modelar los parámetros de confiabilidad de componentes críticos por un valor fijo; para ello se utiliza la tasa de falla que es el número medio de fallas de un componente por unidad de tiempo de exposición. Los valores escalares facilitan el análisis pero no suministran información compleja del estado del equipo, [?].

Un equipo eléctrico recién instalado tiene una tasa de falla relativamente alta debido a posibles defectos de fabricación, transporte inadecuado o una incorrecta instalación. A este periodo de mayor riesgo se le llama periodo de mortalidad infantil. Posterior a esto, se inicia la vida útil del equipo, la cual tiene una tasa de falla casi constante y puede representarse como un valor fijo. A medida que el periodo de vida útil de un equipo llega a su final, la tasa de falla se incrementa gradualmente conforme el componente comience a desgastarse. Este periodo se conoce como periodo de desgaste del equipo y la tasa de falla se incrementa exponencialmente hasta que el componente falla y debe ser reemplazado, [?]. En la figura **1-2** se muestra una gráfica de la representación de la tasa de falla para un componente con el paso del tiempo. Es llamada curva de la bañera debido a su forma característica.

1.3. Mantenimiento basado en el riesgo (RBM)

El riesgo puede ser asociado a un evento futuro. Puede ser definido como la probabilidad de ocurrencia de un suceso no deseado o peligro (causa inminente de pérdida), asociado a

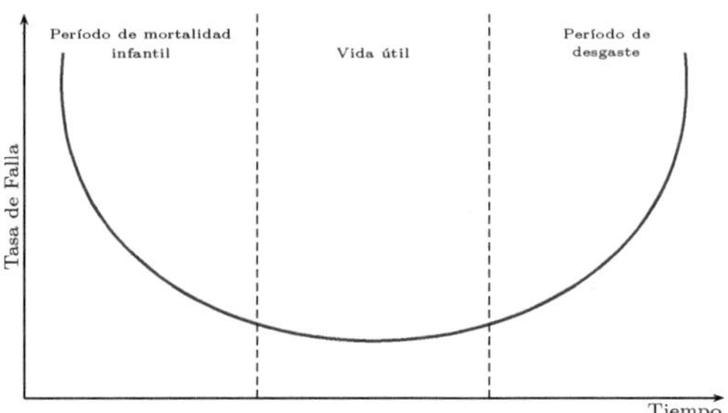

Figura 1-2: Curva de la bañera estándar para un componente eléctrico. [Propio]

una actividad determinada que ocasiona consecuencias factibles de estimar. Es imposible eliminar todos los riesgos por completo pero es posible mitigarlos si se tiene un profundo conocimiento sobre él para poder evitarlo.

El mantenimiento basado en el riesgo (RBM) es una metodología que se desarrolla de forma general, a partir de los siguientes aspectos [26]:

- Identificación del equipo y su estructura.
- Determinación del riesgo.
- Evaluación del riesgo.
- Planeación del mantenimiento a partir de los factores de riesgo.

En el primer aspecto se definen los componentes que estarán bajo estudio y su estructura. El segundo de ellos hace referencia a la identificación y estimación de los factores de riesgo. En la evaluación se consideran los criterios de valoración y los de aceptación para realizar comparaciones. Finalmente, en la planeación se conjugan los resultados de los pasos anteriores para definir las acciones que controlan y mitigan los factores de riesgo.

Debido al impacto que tiene en la calidad del servicio de los usuarios, para las empresas de distribución los principales problemas son las fallas inesperadas de los componentes de la red, el tiempo de parada debido a las fallas, los ingresos no percibidos por energía eléctrica no suministrada y los costos del mantenimiento correctivo. El RBM se enfoca en minimizar el impacto resultante de los eventos de falla.

Esta metodología permite estimar el riesgo de ocurrencia de una falla en función de la probabilidad y las consecuencias de la misma. Para valorar el riesgo se requiere de una identificación previa de componentes críticos para poder priorizar su intervención en el tiempo. No es posible medir el riesgo directamente sino que debe ser calculado mediante la integración de al menos dos variables: la probabilidad y el tipo de evento. Matemáticamente puede cuantificarse como una esperanza de pérdida de la siguiente manera, [?]:

$$Riesgo = P \times C \tag{1.1}$$

Donde, P es la probabilidad de ocurrencia del evento $0 \leq P \leq 1$ y C es el daño o consecuencia.

La disminución de la probabilidad de ocurrencia se define como prevenir y disminuir las consecuencias es protección.

Los riesgos en general pueden clasificarse en, [?]:

- Riesgo puro.
- Riesgo especulativo.

El primero es el riesgo que se da en la empresa y existe la posibilidad de perder o no perder, pero nunca de ganar. Puede ser inherente (de la naturaleza de la empresa) o incorporado (no es propio de la actividad). Por otro lado, en el especulativo existe la posibilidad de obtener ganancias.

Para aplicar la metodología RBM es preciso, en primera instancia, identificar todos y cada uno de los peligros presentes en el sistema y posterior a ello, conocer su ocurrencia y la magnitud del daño producido. El análisis de históricos es una herramienta muy utilizada; su objetivo principal es detectar los peligros presentes en un sistema por comparación con otras similares que ya hayan ocurrido previamente. Es posible analizar los antecedentes e identificar las fuentes de peligro y la frecuencia de ocurrencia, mediante una base de datos confiable y una recopilación documental de los incidentes o accidentes. También es posible realizar un análisis preliminar de los peligros; esta técnica es similar al análisis de históricos pero no estudia los siniestros previos sino que busca peligros a partir de los componentes y sus funciones, [?].

El Análisis de los Modos de Falla y sus Efectos (FMEA), es una técnica muy utilizada en los sistemas de calidad para establecer los posibles fallos de cada uno de los componentes, analizando las consecuencias y considerando si es posible desencadenar un accidente al intentar controlar la situación de peligro. Se inicia el proceso identificando los componentes del sistema y estableciendo sus condiciones normales de operación; para cada componente se detallan cada una de las posibles fallas y sus posibles consecuencias. Posteriormente, se proponen las acciones de mejora necesarias para eliminar o mitigar el riesgo, [?].

El Análisis mediante Árboles de Fallos o Sucesos (FTA o ETA), es una técnica cuantitativa que permite estimar la probabilidad de ocurrencia de un fallo o suceso determinado a partir del conocimiento de la frecuencia de ocurrencia, causas o procesos de secuencia lógica denominado Árbol de Falla o de Sucesos. Inicialmente se identifican los sucesos de falla, para determinar los suceso iniciadores y se estructura el árbol con compuertas lógicas. Se asigna a cada suceso básico una probabilidad de ocurrencia para calcular a partir de ella la de los sucesos compuestos, aplicando álgebra de Boole. Para aplicar esta técnica se debe tener un conocimiento exhaustivo de las relaciones causa-efecto en el sistema,[?].

La metodología de RBM es ampliamente utilizada para la gestión del mantenimiento en sistemas de distribución, debido a las siguientes ventajas:

- Permite descubrir las causas de falla en forma deductiva.
- Permite definir componentes críticos y sus fallas más relevantes.
- Proporciona una ayuda gráfica mediante el método estadístico para visualizar la dependencia de las fallas.
- Es posible individualizar la causa de la falla mediante análisis cuantitativos y cualitativos.
- Permite tener información sobre el estado del sistema.

1.3.1. Análisis de criticidad

Es un hecho que algunos componentes de la red son más relevantes que otros. Debido a que los recursos de una empresa de distribución son limitados, es necesario analizar y clasificar cuales componentes son críticos para poder destinar más recursos a ellos en un plan de mantenimiento. Para diferenciar los niveles de criticidad es posible hacer distinción entre los siguientes niveles (Ver figura **1-3**), [?]:

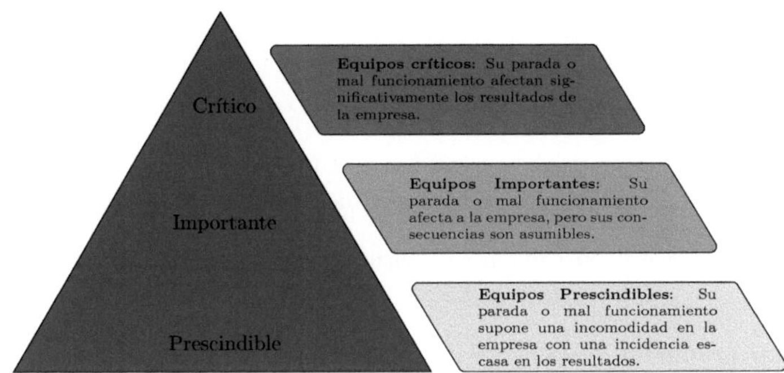

Figura 1-3: Niveles de criticidad para componentes de un sistema. [Propio]

Para cuantificar los niveles de criticidad es posible establecer una ecuación otorgándole una puntuación a cada componente que permita homologar y nivelar criterios para posteriormente realizar comparaciones y establecer prioridades al momento de optimizar los recursos de la siguiente forma, [?]:

$$Criticidad = \text{Frecuencia de falla} \times Consecuencia \tag{1.2}$$

Donde:

Frecuencia de falla: número de veces que se repite un evento de falla dentro de un periodo de tiempo determinado, por lo general un año.

$$Consecuencia = (\text{Impacto ope} \times \text{Flexibilidad ope}) + \text{Costos mtto} + Impactos \tag{1.3}$$

Siendo:

Impacto ope: Impacto operacional que tiene en cuenta los efectos del evento de falla causados en la producción. En términos de una empresa de distribución de energía se hace referencia a los ingresos no percibidos por energía eléctrica no suministrada (EENS).

Flexibilidad ope: Flexibilidad operacional que tiene en cuenta la posibilidad de realizar un cambio rápido para continuar con el servicio sin incurrir en costos considerables.

Costos mtto: Costos de mantenimiento que reúnen el historial de los costos que implica la mano de obra, el material y el personal empleados en corregir el daño.

Impactos: Hace referencia a la seguridad y el medio ambiente, teniendo en cuenta la probabilidad de ocurrencia de eventos esporádicos.

Otros criterios que se pueden tener en cuenta, dependiendo de su impacto en el proceso son, [?]:

Tiempo promedio de falla: Tiempo promedio entre fallas que tiene un componente cumpliendo su función sin interrupción.

Tiempo de reparación: Valor medio de tiempo en solucionar el evento de falla (cambio o reparación del componente), en horas.

Tasa de recuperación: Inverso del tiempo de reparación.

1.4. Mantenimiento basado en condición

La metodología del mantenimiento basado en condición utiliza la información de los componentes del sistema. Emplea el resultado de inspecciones, históricos de pruebas, diagnósticos de fallas, cualquier información sobre el comportamiento del sistema ante eventos relevantes. Con base a esta información, se construyen reglas de diagnóstico y se establecen niveles de alarma para cuando se presente una situación de pre - falla o cambio significativo en el valor de una variable deseada, [?].

Mediante este tipo de mantenimiento los usuarios pueden justificar la estrategia y las decisiones de mantenimiento, considerando los siguientes aspectos, [?]:

Modos de falla: Definen la forma en que un componente no cumple con su función.

Métodos de detección temprana: Posterior a la identificación y el análisis de los modos de falla, se debe conocer las metodologías de detección que son más exitosas en la predicción de eventos no deseados y su seguimiento.

Gestión integrada de los datos: Se debe integrar toda información que contribuya a conocer el estado del sistema para realizar un análisis de forma integral y poder tomar decisiones acertadas frente a los planes de mantenimiento.

Con respecto al mantenimiento correctivo, el mantenimiento basado en condición permite reducir el riesgo de falla en un componente. Comparado con el mantenimiento preventivo, es posible eliminar mantenimientos innecesarios, ya que el escenario considera un modelo realista al obtener la información directamente de inspecciones y pruebas de laboratorio, [?].

1.5. Optimización de la gestión del mantenimiento

La optimización de la gestión del mantenimiento busca mejorar el proceso de mantenimiento en general, incrementar la productividad de los activos y mejorar la eficacia de los recursos económicos y humanos. Para ello existen muchos métodos de optimización disponibles, hoy en día están en auge las técnicas basadas en Inteligencia Artificial (AI) debido a su capacidad de procesar grandes volúmenes de información, [?]. Entre ellas es posible encontrar el aprendizaje automático, las redes neuronales, la lógica difusa, programación lineal y no lineal. En este apartado se profundizará en la primera, el aprendizaje automático o Machine Learning (ML) que será utilizado como técnica de optimización en este proyecto.

1.5.1. Machine Learning

El *Machine Learning* enseña a las computadoras a hacer lo que es natural para los humanos: aprender de la experiencia. Los algoritmos de Machine Learning utilizan métodos computacionales para "aprender" información directamente de los datos, sin depender de un modelo matemático que los caracterice. Los algoritmos mejoran adaptativamente su rendimiento a medida que aumenta el número de datos disponibles para el aprendizaje.

El Machine Learning se puede clasificar según la técnica como se muestra en la Fig. **1-4**. Estas son: (i). Aprendizaje supervisado, que entrena un modelo con datos de entrada y salida para que pueda predecir salidas futuras, y (ii). Aprendizaje no supervisado, que encuentra patrones ocultos o estructuras intrínsecas en los datos de entrada.

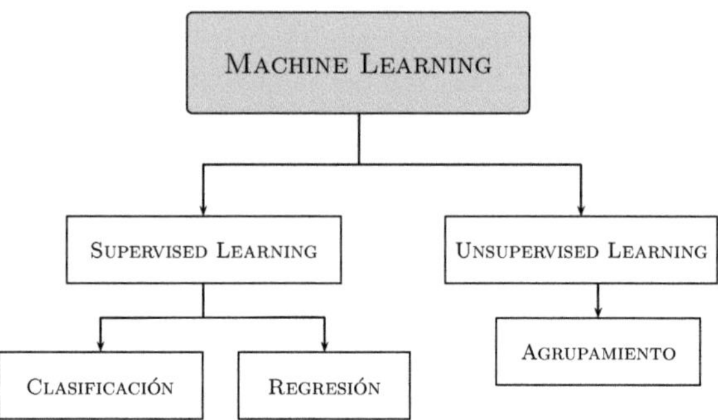

Figura 1-4: Clasificación del Machine Learning. [Propio]

La Fig. **1-4** muestra en sombreado amarillo las subdivisiones en las que se enmarca este trabajo.

Supervised Machine Learning

El objetivo del aprendizaje automático supervisado es construir un modelo que haga predicciones basadas en evidencias y en presencia de incertidumbres. Un algoritmo de aprendizaje supervisado, toma un conjunto de datos de entrada y salida conocidos y entrena un modelo para generar predicciones a la salida con datos nuevos de entrada. El aprendizaje supervisado utiliza técnicas de clasificación y regresión para desarrollar estos modelos predictivos.

Las técnicas de clasificación predicen respuestas categóricas; en nuestro caso particular, si un transformador de distribución se va a dañar o estará en buen estado. No existe algoritmo único que se ajuste a todos los problemas, encontrar el algoritmo correcto se basa en ensayos de prueba y error Los algoritmos implementados en MATLAB según la técnica se muestran en la Tabla **1-1**.

El Machine Learning debe ser considerado como un procedimiento iterativo como el de la Fig. **1-5**. En resumen, los elementos esenciales que caracterizan los diferentes pasos de la construcción de un modelo, son:

1. **Importar Datos Entrada-Salida, organizarlos y pre-procesarlos**: El conjunto de datos para realizar el mantenimiento predictivo contiene cerca de 16.000 trans-

Supervised Learning		Unsupervised Learning
Classification	**Regression**	**Clustering**
Support Vector Machine (SVM)	Linear Regression, GLM	k-means, k-medoids, Fuzzy C-means
Discriminant Analysis	SVR, GPR	Hierarchical
Naibe Bayes	Ensemble Methods	Gaussian mixture
Nearest Neighbor	Decision Trees	Hidden Markov Models
Neural Networks	Neural Networks	Neural Networks

Tabla 1-1: Algoritmos usados en Machine Learning

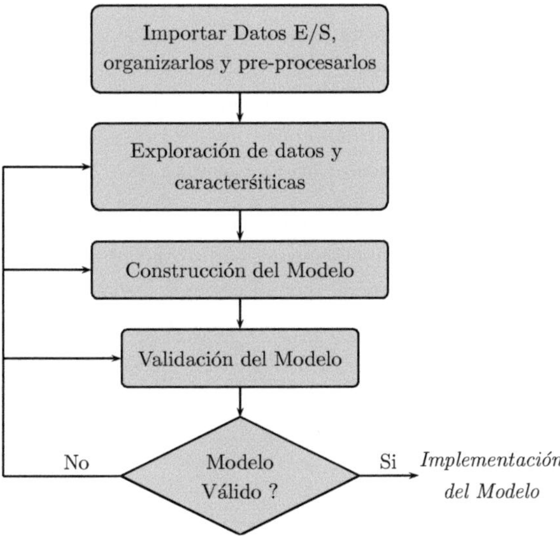

Figura 1-5: Diagrama de flujo del Machine Learning. [Propio]

formadores de distribución de energía eléctrica en el Departamento del Cauca (Colombia), repartidos entre la zona rural y urbana de cada municipio que conforma el departamento (42 municipios). El conjunto de datos cubre los años 2019 y 2020. Hay 6 variables categóricas y 5 variables continuas; las primeras corresponden a: la localización, auto-protegido, amovibles, criticidad de keraunos, tipo de clientes y tipo de instalación. Las segundas son la potencia del transformador, tasa de quema, número de usuarios, energía eléctrica no suministrada, distancia de red de baja tensión. Hay muchas características que no se pueden medir como la temperatura de operación, nivel de aceite, sobrecargas, estos factores son importantes para la clasificación y algunos transformadores pueden fallar por razones que no se pueden predecir, como la descarga eléctrica de un rayo o conexiones ilegales. El conjunto de datos de cada año se divide en datos de entrenamiento y datos de prueba y validación.

2. **Exploración de datos y características**: Una vez obtenido el conjunto de datos entrada X_i y salida del sistema Y_i es importante encontrar las características descriptivas y la característica a predecir por el modelo.

3. **Construcción del modelo**: Los algoritmos de Machine Learning automatizan el proceso de aprendizaje de un modelo que captura la relación entre las características descriptivas y la característica a predecir en un conjunto de datos $\Delta = (X_i, Y_i) \quad i = 1, \ldots, N$, donde N es el tamaño de la muestra. El problema en nuestro caso particular, es predecir la variable discreta Y que nos indica si un transformador va a fallar o no, a partir de la medida de las variables X_i.

4. **Validación del modelo**: La validación de modelos es una tarea muy importante en el machine learning. El objetivo es evaluar la concordancia entre los datos observados y el modelo. Una forma muy común es hacerlo mediante el error de predicción, que evalúa la diferencia porcentual entre los datos predichos por el modelo y los datos de prueba. Encontrar el mejor modelo es un proceso interactivo que implica probar diferentes algoritmos para minimizar el error de predicción.

   En este trabajo el algoritmo que menor error de predicción tuvo fue el Support Vector Machine (SVM).

Support Vector Machine (SVM)

Este algoritmo para la clasificación, trata de resolver las dificultades de muestras de datos complejas, donde las relaciones pueden ser no lineales. En nuestro caso particular, se pretende clasificar a los observaciones en dos clases (dañado o buen estado), pero estas no son separables vía un hiperplano en el espacio dimensional definido por los datos. Para ello, el conjunto de datos se embebe en un espacio de dimensión superior a través de una función (kernel) que permita poder separar los datos en el nuevo espacio a través de un hiperplano en dicho espacio. Entonces, se busca un hiperplano equidistante a los puntos más cercanos de cada clase, es decir, el objetivo es encontrar el hiperplano que separa las clases y que más dista de las observaciones de las mismas de forma simultánea.

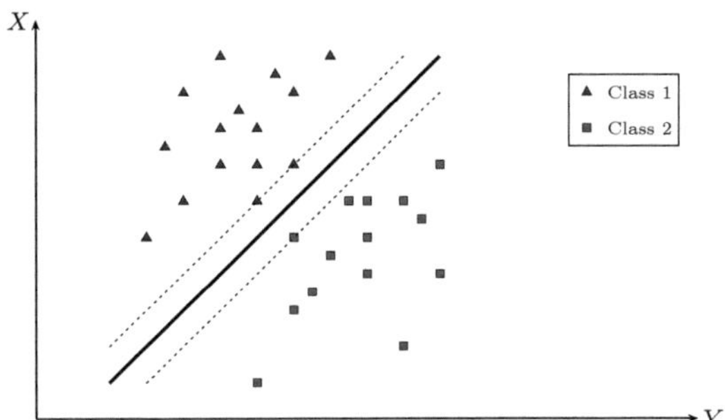

Figura 1-6: Algoritmo Support vector machine. [Propio]

1.6. Resumen

En este capítulo se presento una revisión bibliográfica de las metodologías de gestión de mantenimiento predictivo en sistemas de distribución, enfocadas en el transformador de distribución.

Capítulo 2

Transformadores de Distribución y el Impacto de sus Fallas en el Operador de Red

2.1. Introducción

Los transformadores son activos indispensables para el sistema de distribución en niveles de tensión N1 y N2; una falla en cualquiera de ellos afecta negativamente la continuidad en la prestación del servicio para los consumidores finales, los indicadores de calidad del operador de red y los recursos financieros de la empresa por gastos incurridos en la reposición de los equipos y energía eléctrica no servida.

En este capítulo se presenta el transformador de distribución como elemento esencial del sistema, una posible clasificación y aplicaciones generales. Una vez en contexto, se exploran las consecuencias de las fallas de estos elementos y cómo es afectado el usuario final, para comprender el impacto sobre el operador de red.

2.2. Transformadores de distribución

Gracias al transformador es posible hoy en día transportar grandes cantidades de fluido eléctrico desde su generación hasta su destino de utilización. El transformador de distribución es el elemento de la red encargado de realizar la última transformación de la energía al nivel de tensión del usuario final. Pueden ser clasificados según su ubicación de instalación: poste, pedestal o subestación unitaria; por el tipo de aislamiento: inmerso en líquido o tipo seco; o según el número de fases: monofásicos o trifásicos, [?].

Convencional tipo poste

El núcleo y las bobinas se encuentran en el interior de un tanque lleno de aceite. Se interconectan al exterior mediante aisladores de baja y media tensión, lo que permite la transformación de la energía según el requerimiento del usuario final [38].

Estos transformadores pueden ser trifásicos o monofásicos (Ver Figura. **2-1**), dependiendo de la necesidad y la disponibilidad de redes en el sector de la instalación. La potencia del transformador depende de la carga que vaya a alimentar, de la normativa vigente de cada compañía eléctrica y de los pesos que puedan soportar el poste o estructura, [?].

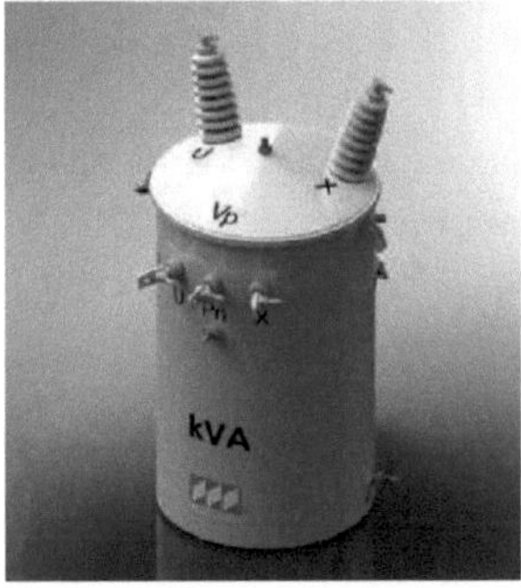

Figura 2-1: Transformador monofásico tipo poste. [Tomado de `www.magnetron.com.co`]

Autoprotegido (DAE)

Por lo general son monofásicos de potencias de hasta 25 [kVA] y tensiones de hasta 23 [kV]. Poseen aisladores especiales equipados con fusibles de protección en el interior como en la Figura **2-2**.

Adicionalmente, se puede incorporar una caja de protección por baja tensión, con interruptor general e interruptores en cada circuito, para mayor seguridad, [?].

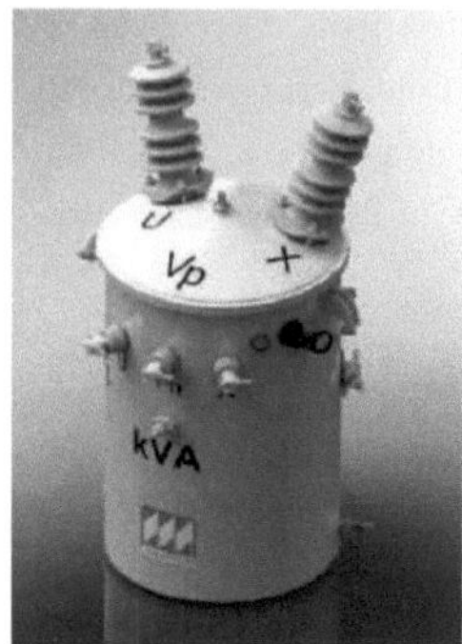

Figura 2-2: Transformador autoprotegido. [Tomado de `www.magnetron.com.co`]

Subestaciones unitarias

Alcanzan potencias de hasta 10.000 [kVA] y 36 [kV], están auto-refrigeradas mediante inmersión en aceite mineral, aceite vegetal o en silicona y pueden ser trifásicas o monofásicas. Tienes una celda de baja tensión (control, medida, protección y fuerza); una celda para el transformador y otra celda de media tensión (Seccionador bajo carga), montadas sobre una base común diseñada para trabajo robusto, [**?**].

Pedestal

También conocidos como subestaciones de superficie Pad Mounted; aptas para intemperie y están auto refrigeradas sumergidas en aceite mineral, vegetal o silicona, (ver Figura **2-3**). Su eficiencia y seguridad son mas elevadas que las unidades convencionales por lo cual son utilizadas para trabajos robustos y zonas contaminadas, [**?**].

Transformadores tipo seco

No requiere un líquido para refrigerar el núcleo y las bobinas, el sistema es enfriado por aire, como ser muestra en la Figura **2-4**. Son ideales para aplicaciones en interiores o donde la seguridad y confiabilidad sean importantes. Soportan tensiones desde 100 [V] hasta 33 [kV], [**?**].

Figura 2-3: Transformador tipo Pad Mounted. [Tomado de www.magnetron.com.co]

2.3. Impacto de las fallas en transformadores de distribución

Ante un corte no programado del servicio de energía eléctrica, los consumidores finales no pueden modificar sus necesidades o hábitos de consumo debido a que, por la naturaleza intempestiva de la falla, no son notificados con anticipación. Es entonces cuando perciben unos costos asociados a la falta del suministro eléctrico; estos costos directos e indirectos se valoran a través del costo de la energía no suministrada que sufre el consumidor. La magnitud del impacto en el bienestar del consumidor varía según la categoría del usuario final. Es posible hacer distinción entre las siguientes categorías principales: clientes residenciales, comerciales, industriales y oficiales, [?].

A continuación se presentan en forma general las implicaciones negativas de la suspensión no programada del servicio de energía eléctrica debido a la falla del transformador de distribución que lo alimenta según la categoría del usuario final:

Figura 2-4: Transformadores tipo seco. [Tomado de `www.magnetron.com.co`]

2.3.1. Sector residencial

La categoría residencial comprende toda persona natural o jurídica sin acción económica y sus residuos sólidos deriven de actividades residenciales privadas o familiares. Se subdivide según el estrato socio-económico 1, 2, 3, 4, 5 o 6. La pérdida de bienestar en esta categoría, como consecuencia de la suspensión del servicio de energía eléctrica debido a una falla es de tipo económico y social. Debe tenerse en cuenta la cancelación y modificación de actividades cotidianas, sobrecostos por sustitución del energético interrumpido, adquisición y/o instalación de aparatos gasodomésticos, imposibilidad de realizar actividades recreativas y culturales como: ver televisión, escuchar música, leer, estudiar, etc. La pérdida de alimentos que requieren refrigeración cuando la duración de la falla es prolongada, el daño de equipos eléctricos debido al evento, pérdida de información en computadores o equipos electrónicos personales por la interrupción del fluido eléctrico; el aumento de la inseguridad por la carencia de alumbrado público, semáforos, alarmas, sirenas o cámaras de vigilancia. La pérdida de comodidades como funcionamiento de ascensores en edificaciones de altura considerable, aires acondicionados en climas muy cálidos; calefacción en regiones frías, escaleras y puertas eléctricas. Más complicado aún es cuando hay presencia de usuarios con necesidades críticas, que pueden estar incluidos en el mismo circuito, como enfermos que requieran la utilización de equipos médicos eléctricos, [?].

2.3.2. Sector comercial

La categoría comercial comprende toda persona jurídica con autorización de realizar actividades de mercadeo, comercialización, almacenamiento o conservación de bienes o servicios. La afectación en esta categoría es debida a la reducción de ventas, cancelación o aplazamiento de eventos comerciales y jornadas de atención. La pérdida de comodidad en el establecimiento de comercio como el funcionamiento de ascensores, escaleras eléctricas, aires acondicionados y calefacción. Para esta categoría es aún más crítico el aumento de la inseguridad por la carencia de alumbrado interior, desactivación de alarmas, sirenas, sistema de seguridad y cámaras de vigilancia. La generación de sobrecostos por sustitución del energético interrumpido por otros en plantas de emergencia o sistemas de autogeneración debido al uso de combustibles empleados y laborales por modificaciones en las jornadas de trabajo, [?].

2.3.3. Sector industrial

La categoría industrial comprende toda persona jurídica instalada en una o varias zonas francas, autorizada para producir, transformar o ensamblar bienes mediante el procesamiento de materias primas o de productos semielaborados. Los impactos negativos en esta categoría son debido a la pérdida de producción, materias primas y ventas. El daño de equipos motores, reactores, etc. También representa costos significativos, al igual que los cambios de las jornadas que implican sobrecostos laborales. En esta categoría se emplea, a mayor escala, el gas, GLP, fuel oil, diesel, entre otros para la sustitución del energético interrumpido, lo que conlleva a gastos adicionales, [?].

2.3.4. Sector oficial

La categoría oficial corresponde a un perfil reservado para organizaciones que prestan atención al usuario. Los hospitales entran en esta categoría; son usuarios críticos que en general se consideran de afectación alta. En la mayoría de los casos, los hospitales tienen sistemas de generación de emergencia, pero esta es para cubrir funciones críticas o vitales. Para el resto de los casos, la capacidad de respaldo se basa en baterías recargables que no son suficientes ante cortes del servicio prolongados, [?].

2.3.5. Operador de red

Uno de los principales aportes de las leyes 142 y 143 de 1994 es que se vigile por que los servicios sean ofrecidos de una manera eficiente y acorde con el marco legal que este establece, promueve la revisión de metodologías y una relación tarifa - calidad del servicio, [?], [?]. La Calidad del Servicio en Colombia se introduce mediante el Reglamento de Distribución (Resolución CREG 070 de 1998) junto con el marco regulatorio de la calidad en los Sistemas de distribución, que ha sido modificada y complementada mediante las Resoluciones CREG 025 y 089 de 1999, 096 de 2000, 159 de 2001, 084 de 2002 y 113 de 2003. La entrada en vigencia de esta última, introdujo en el sector eléctrico la reglamentación en torno al tema de la calidad de la energía eléctrica, con índices y metas específicas, [?].

Las empresas distribuidoras de energía eléctrica deben tener un equilibrio óptimo entre los costos de operación, mantenimiento, inversión y la calidad del servicio que prestan a sus clientes, [?]. La CREG implementa un sistema de incentivos para motivar mediante la remuneración de los activos, que la empresa distribuidora cumpla con los objetivos de calidad establecidos. Para la recuperación de las inversiones en infraestructura, se tienen en cuenta las unidades constructivas reconocidas con valor de reposición a nuevo y con una mínima calidad esperada. Los estándares de calidad se definen considerando la metodología de remuneración vigente, la calidad de los sistemas en el momento de operación y las características del servicio prestado a los usuarios.

Cumplir con el nivel de calidad requerido implica incurrir en varias inversiones y la continuidad del servicio está estrechamente ligada al plan de mantenimiento que adopte la empresa distribuidora. Para minimizar la tasa de falla de los equipos se requieren materiales de buena calidad y actividades de mantenimiento regulares, lo cual incrementa los costos; de igual manera, para atender las fallas oportunamente se debe contar con la disponibilidad de brigadas suficientes.

Los mecanismos de control por parte de los entes de vigilancia están habilitados para realizar auditorías, encuestas de satisfacción al cliente y demás, así como también la posibilidad de que los usuarios presenten sus reclamaciones. Los indicadores de calidad del servicio prestado están concebidos para suministrar información sobre la continuidad en la prestación del servicio, [?]. La regulación incluye los mecanismos para el pago por compensación al que tienen derecho los usuarios cuando se incumple con los estándares establecidos. Esta compensación corresponde a un menor valor a pagar en la factura del servicio.

El OR debe registrar la frecuencia y duración en cada una de las interrupciones en los alimentadores y enviarla semanalmente a la SSPD para que sea integrada al Sistema Único de Información de la Ley 689 de 2001. El cálculo de los indicadores se realiza mensualmente por parte del OR y su revisión es trimestral con valores acumulados para que sean comparados con metas trimestrales, [?]. La calidad del servicio es validada según las siguientes características (CREG 011 de 2009):

- La duración de las indisponibilidades de los activos utilizados en la prestación del servicio de transmisión de energía eléctrica en el STN no superará las Máximas Horas Anuales de Indisponibilidad Ajustadas.
- Las indisponibilidades máximas permitidas de un activo originadas en catástrofes naturales, tales como erosión (volcánica, fluvial o glacial), terremotos, maremotos, huracanes, ciclones y/o tornados, y las debidas a actos de terrorismo, no superarán los seis meses, contados desde la fecha de ocurrencia de la catástrofe.
- La Energía No Suministrada (ENS) por la indisponibilidad de un activo, no superará el 2 % de la predicción horaria de demanda para el Despacho Económico estimada por el Centro Nacional de Despacho.
- A partir del momento en que las horas de indisponibilidad acumulada de un activo sean mayores que las máximas horas anuales de indisponibilidad ajustadas, no se permitirá que la indisponibilidad de este activo deje no operativos otros activos.

2.4. Conclusión

En conclusión, el impacto que tienen este tipo de fallas en los activos eléctricos, afecta a gran escala la prestación del servicio de energía a los consumidores, la mejora de los indicadores de calidad, los costos por la baja anticipada de activos, la reposición y la energía no servida para el operador de red. Es por ello que, analizar las fallas ocurridas en los transformadores de distribución con el fin de encontrar herramientas que permitan minimizar estos impactos, promueve la generación de soluciones en pro de una mejora continua de la operación y el mantenimiento.

Capítulo 3

Desarrollo e Implementación de la metodología para la gestión del mantenimiento predictivo en transformadores de distribución

3.1. Introducción

Representar adecuadamente un sistema real mediante un modelo determinístico depende directamente de la relación explícita entre las variables de dicho sistema, [?]. Para este caso específico, la naturaleza estocástica del sistema de distribución y sus elementos no permite relacionar de forma directa y numérica las variables que intervienen en el proceso; por tal motivo, la metodología que se presenta a continuación tiene en cuenta las condiciones de operación de los elementos, las características climáticas de la región, el historial de fallas de años anteriores y el riesgo asociado a las mismas para el operador de red. El análisis y optimización de toda la información se realiza mediante Machine Learning, a partir de estudios netamente estadísticos y probabilísticos para identificar el plan de mantenimiento más adecuado.

En este capítulo se presenta el desarrollo de la metodología para la gestión del mantenimiento predictivo en transformadores de distribución, así como su implementación en equipos ubicados en el departamento del Cauca.

3.2. Planteamiento de la metodología

La metodología diseñada para para la gestión del mantenimiento predictivo en transformadores de distribución, comprende las siguientes etapas:

1. Definición del alcance de la metodología.
2. Definición del contexto operacional de los equipos.
3. Identificación del conjunto de elementos bajo estudio.
4. Identificación de los eventos de falla en el periodo de estudio.
5. Identificación de las variables más representativas y relevantes para el sistema.
6. Construcción de un modelo que represente al sistema.
7. Validación del modelo construido.
8. Predicción de los datos deseados mediante el modelo validado.
9. Formulación de la programación del mantenimiento para los equipos predichos.

3.2.1. Alcance

Se debe determinar de forma clara, sencilla y concreta el objetivos que se intenta alcanzar a lo largo del desarrollo de la metodología en cuestión. Su cumplimiento genera la culminación exitosa de la aplicación de dicha metodología. Es imprescindible que este alcance sea específico y no se preste a controversias, sea de carácter medible, sea realista y por ende realizable dentro del plazo estipulado.

3.2.2. Contexto operacional

Define un entorno físico, ambiental y organizacional del activo en el sistema. Las condiciones que se encuentran alrededor de él para desempeñar su función, ya que el entorno afecta drásticamente las funciones, las expectativas de funcionamiento, la naturaleza de los modos de falla, sus efectos y consecuencias, la periodicidad con la que pueden ocurrir, etc. El contexto operacional mantiene una estrecha relación con las metodologías de confiabilidad y la necesidad de contar con la información para la toma de decisiones.

3.2.3. Conjunto de elementos bajo estudio

En este paso se debe seleccionar muy bien el conjunto de elementos sobre los que se va a trabajar. Estos deben cumplir con el contexto operacional establecido y formar parte del problema en cuestión. Delimitar todos los elementos y sus relaciones con el sistema determina los límites del problema de investigación, necesarios para definir una primera aproximación de la representación del sistema. En este proyecto el conjunto total de elementos será llamado *universo del sistema*.

3.2.4. Eventos de falla en el periodo de estudio

Los eventos de falla implican que los procesos del sistema están operando de manera deficiente y están compuestos por tres elementos: detección, causa y efecto. El efecto es la consecuencia de lo que la falla puede causar al cliente; la causa es lo que indica la razón por la que se produjo el error y la detección es la forma utilizada en el control del proceso para evitar las posibles fallas. En esta sección se debe recopilar la mayor cantidad posible de información sobre los eventos de falla para poder tener las herramientas necesarias en su análisis. Se debe garantizar que la información es veraz, completa y confiable.

3.2.5. Variables más representativas y relevantes para el sistema

A partir de la identificación de los eventos de falla es posible detectar tendencias o información común durante los mismos. Estas pueden ser variables representativas del sistema, así como también lo son las características propias de los elementos en él o del entorno en el que se encuentran. De la correcta identificación de ellas dependerá la calidad de los resultados obtenidos.

3.2.6. Modelo que representa al sistema

Un modelo es la representación de un sistema, situación o problema según el objetivo de estudio que se desee analizar; es decir, el alcance. Existen diferentes clases de modelos como simbólicos, matemáticos, lógicos; su determinación depende de la naturaleza de las variables que intervienen en la representación del sistema. En este caso el modelo óptimo será el que mejor represente el sistema con la información disponible. Esta optimización será realizada mediante el toolbox de Machine Learning de MATLAB ©. Los algoritmos de Machine Learning automatizan el proceso de aprendizaje de un modelo que captura la relación entre las características descriptivas y la característica a predecir en un conjunto de datos $\Delta = (x_i, y_i) \quad i = 1, \ldots, N$. donde N es el tamaño de la muestra. El problema en este caso particular es predecir la variable discreta y que indica si un transformador va a fallar o no, a partir de la medida de las variables x_i.

3.2.7. Validación del modelo construido

Una vez se tenga construido el modelo, la confirmación de que este representa de una manera aproximada al sistema estudiado se tendrá mediante la validación. En esta parte se debe comparar la salida del modelo con la salida real y previamente conocida del sistema. De esta forma se debe calcular el porcentaje de acierto entre las dos salidas, lo que determina si el modelo es válido o no.

3.2.8. Predicción de los datos deseados mediante el modelo validado

Cuando ya se tiene un modelo confiable previamente validado en un escenario conocido, es momento de proyectar la respuesta del modelo en un futuro desconocido para poder tomar acciones adelantadas y disminuir la ocurrencia de los eventos de falla.

3.2.9. Formulación de la programación del mantenimiento para los equipos predichos

En este paso finalmente se elabora el plan de mantenimiento que, según los resultados de la predicción, son los más adecuados para mitigar los eventos de falla. El plan depende única y exclusivamente de los resultados predichos.

A continuación se presenta el diagrama de la metodología propuesta para facilitar su comprensión y visualización de los procesos (ver figura **3-1**).

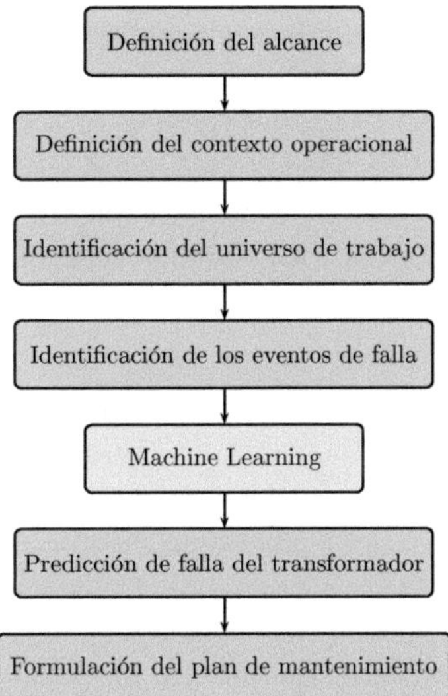

Figura 3-1: Diagrama de flujo de la metodología propuesta. [Propio]

3.3. Implementación de la metodología

A continuación se implementan cada una de las etapas de la metodología diseñada anteriormente para el sistema de distribución del Departamento del Cauca, específicamente a los transformadores de distribución como elemento objetivo de la red:

1. **Definición del alcance de la metodología:** El objetivo de esta metodología es predecir con base en las condiciones de operación de los elementos, las características climáticas de la región, el historial de fallas de años anteriores y el riesgo asociado a las mismas para el operador de red; los transformadores que probablemente presentarán falla por quema en el periodo futuro de 1 año (2021) y el plan de mantenimiento adecuado según la causa más factible para evitar el evento de falla en el Departamento del Cauca.

2. **Definición del contexto operacional de los equipos:** Los transformadores analizados son activos de distribución conectados a la red del operador a niveles de tensión de 13.2 [kV] y 34.5 [kV], ubicados en zonas rurales y urbanas del departamento del Cauca. Se debe tener en cuenta que se presentan condiciones de alta

vegetación y alto nivel ceráunico en este departamento, por lo cual hay un número significativo de quemas por cortos en baja tensión y descargas atmosféricas respectivamente. También es importante destacar que una gran cantidad de estos activos que se encuentran en sectores rurales, son de difícil acceso por la topografía de la región y no es viable económicamente un seguimiento regular debido al valor del equipo. Por la misma condición de lejanía muchos de ellos se encuentran con deficiencias en los sistemas de puesta a tierra, conductor de red de baja tensión, cortacircuitos y ubicación óptima de los DPS.

3. **Identificación del conjunto de transformadores de distribución bajo estudio:** Para este proyecto se toma como universo del sistema todos aquellos transformadores de distribución conectados a niveles de tensión de 13.2 [kV] y 34.5 [kV], ubicados en zonas rurales y urbanas del departamento del Cauca, propiedad de la empresa distribuidora que implementará el plan de mantenimiento. Es necesario hacer énfasis en que se excluyen transformadores de propiedad particular (terceros), del gobierno, y todo aquel que no sea responsabilidad directa del operador de red. Este universo está conformado por 15869 transformadores que cumplen con el contexto operativo y los intereses de la compañía en sectores residenciales, comerciales, industriales y oficiales.

4. **Identificación de los eventos de falla en el periodo de estudio:** Se realiza un recopilación de información exhaustiva desde el año 2015 hasta el 2020, detectando 6792 eventos de falla. Su distribución en tiempo se presenta en la tabla **3-1**.

Año	**2015**	**2016**	**2017**	**2018**	**2019**	**2020**	**Total**
Número de fallas	2108	1297	995	871	869	652	6792

Tabla 3-1: Cantidad de eventos de falla registrados desde el año 2015 hasta el 2020. [Propio]

Cada evento de falla registra su incidencia o identificador de evento que es único; el elemento sobre el cual ocurre la falla (código del transformador). Se encuentran varias incidencias sobre un mismo transformador; es decir, transformadores en los que reincide la falla; la fecha y hora de inicio y finalización de la incidencia (desde que se registra la falla reportada por los usuarios hasta que se restablece el servicio) y la causa probable evidenciada por la brigada que atendió la falla.

5. **Identificación de las variables más representativas y relevantes para el**

sistema: Como variables representativas y relevantes para el sistema se han tomado las siguientes:

- **Tasa de quema:** Variable basada en la confiabilidad del sistema y calculada a partir de los eventos de falla registrados en los años de estudio. Se define como el número de fallas de un componente por unidad de tiempo de registro.

$$TQ = \frac{\text{Número de fallas}}{\text{Tiempo de estudio}} \qquad [\text{fallas/año}] \tag{3.1}$$

- **Localización:** Variable binaria que indica la zona en la que se encuentra el transformador: 1 si es urbana y 0 si es rural.
- **Potencia nominal:** Capacidad del transformador en [kVA]. Para transformadores inmersos en aceite, la norma IEC 76-1 establece las condiciones normales de servicio como altitud sobre el nivel del mar no mayor a 1000 m y temperatura ambiente mayor a $-25\,°C$ y menor a $40\,°C$.
- **Autoprotección:** Variable binaria que indica si el transformador cuenta internamente con un interruptor como protección por baja tensión: 1 si es autoprotegido y 0 si no lo es.
- **Promedio de densidad de descarga a tierra DDT:** Variable en $[Rayos/km^2 \cdot ao]$ está definida como el promedio de número de rayos que caen a tierra por kilómetro cuadrado en un año.
- **Máximo de densidad de descarga a tierra DDT:** Variable en $[Rayos/km^2 \cdot ao]$; está definida como el número máximo de rayos que caen a tierra por kilómetro cuadrado en un año.
- **Criticidad según estudio previo para nivel ceráunico:** Variable binaria producto del resultado de un estudio previo, realizado para la empresa distribuidora por terceros: 1 si por su ubicación geográfica se encuentra en riesgo alto y 0 de lo contrario, no presenta alto riesgo.
- **Conectores amovibles:** Variable binaria que indica si la instalación del transformador cuenta con conectores amovibles por media tensión para realizar intervenciones sin necesidad de hacer apertura desde el seccionador inmediatamente aguas arriba: 1 si cuenta con los conectores amovibles instalados y 0 si no los tiene.
- **Tipo de clientes:** Variable categórica que indica si el transformador alimenta

principalmente a usuarios residenciales estrato 1, 2, 3, 4, 5, 6, comerciales, industriales u oficiales.

- **Número de usuarios:** Variable entera que indica a cuantos clientes le está suministrando el servicio de energía eléctrica el transformador en cuestión.
- **Energía eléctrica no suministrada EENS:** Variable basada en el riesgo que implica la falla; representa los [kWh] que deja de vender la empresa distribuidora cuando el transformador deja de operar debido a un evento de falla.
- **Tipo de instalación:** Variable categórica que indica si el transformador instalado se encuentra en una cabina, en una estructura tipo H, si tiene un macro con red antifraude, si es tipo pad mounted, si está en una estructura sencilla tipo poste, poste red antifraude, torre metálica u otros.
- **Red aérea:** Variable binaria que indica si la red de baja tensión del transformador es de tipo aérea: 1 si en efecto lo es y 0 de lo contrario.
- **Cola de circuito:** Variable binaria que indica si el transformador está ubicado dentro de la red de media tensión en un punto terminal del circuito: 1 si está en la cola y 0 si está en un punto de paso.
- **km de red BT:** Variable continua que corresponde a la longitud en km con la que cuenta en transformador por baja tensión.

6. **Construcción de un modelo que represente al sistema:** En este trabajo el algoritmo que menor error de predicción tuvo fue el Support Vector Machine (SVM). A partir del conjunto de datos de entrenamiento y prueba de los años 2019 y 2020 se construyeron dos modelos SVM de clasificación binaria. El conjunto de datos del modelos SVM correspondiente al año 2019, fue conformado con 2417 datos para el entrenamiento (que contiene todos los transformadores quemados y parte de los que están en buen estado) y los 13452 restantes para la validación, de igual forma para el año 2020. Estos modelos se validan con las respuestas reales de cada año, pero aún no son modelos predictivos para realizar el plan de mantenimiento de años futuros como el 2021; para ello deben construirse modelos predictivos.

   A diferencia de un modelo de clasificación binaria ordinario, donde los datos de entrenamiento y prueba corresponden al mismo año, es imposible tener los datos de prueba para el año actual (2021), por lo que se usaron los datos del año inmediatamente anterior (datos de entrenamiento) para construir el modelo de predicción del año 2021.

7. **Validación del modelo construido:** Para validar el poder de predicción de esta aproximación, se entrenó un modelo SVM con un conjunto de datos del 2019 y se validó con información del año 2020. El conjunto de datos de entrenamiento de 2019 fue modificado en la variable tasa de quema; esta variable contiene información del histórico de fallas del transformador. La tasa de quema se actualizó con los datos acumulados al final del año. El conjunto de datos de entrenamiento fue de 1585, y se actualizó mes a mes con los datos registrados del año en curso (2020) en el sistema central y eliminando los del año anterior con el propósito de aumentar la capacidad predictiva del modelo.

8. **Predicción de los datos deseados mediante el modelo validado:** Una vez se comprueba que el modelo predictivo es válido para el año 2020, se realizan las predicciones para el año en curso 2021, entrenando el algoritmo SVM con una muestra de 1589 transformadores de distribución con la tasa de quema actualizada en los eventos de falla del año 2020.

9. **Formulación de la programación del mantenimiento para los equipos predichos:** La formulación del plan de mantenimiento se realiza a partir de las causas probables más comunes que se han registrado en los históricos de eventos de quema: descarga atmosférica, corto circuito por baja tensión y sobrecarga. En la Tabla **3-2** se presentan las actividades de mantenimiento propuestas en este trabajo para mitigar los eventos de falla. Estas actividades serán asignadas a cada uno de los transformadores predichos por el algoritmo de SVM.

   La actividad **A** correspondiente a la inspección general está concebida para ser realizada por un supervisor motorizado (no una brigada pesada). Esta inspección se asignará por defecto a todos los transformadores predichos. Dependiendo de la información recolectada en terreno por el supervisor, se ratifica si el transformador requiere una intervención. El restante de actividades serán asignadas en este trabajo mediante análisis netamente estadístico de las variables que caracterizan el modelo predictivo a manera de sugerencia y guía de cómo disminuir el posible riesgo.

   La actividad **B** será asignada a transformadores que se encuentren en zonas con DDT altos, se encuentren en estado de criticidad alta según el estudio de nivel ceráunico y se encuentren en zona rural. La actividad **C** será asignada a transformadores que se encuentren principalmente en la zona rural, tengan red aérea, no sea red anti-fraude y su extensión sea considerable. La actividad **D** será asignada a transformadores con historial de quema reiterativa y red aérea que no sea anti-fraude. Finalmente, la

Actividad	Descripción	Tareas
A	Inspección General	*a*) Inspección visual del estado del transformador, su estructura, sus protecciones y el sistema de puesta a tierra. *b*) Recorrido de la red de baja tensión en busca de anomalías o riesgos. *c*) Verificación de los usuarios asociados, detección de conexiones ilegales. *d*) Verificar el estado de las acometidas.
B	Adecuación de protecciones	*a*) Cambio de cortacircuitos. *b*) Cambio de DPS. *c*) Instalación de interruptor por baja tensión; (si aplica). *d*) Adecuación del sistema puesta a tierra.
C	Podas	Realización de poda exhaustiva o ligera, según sea necesario.
D	Adecuación de la red de baja tensión	*a*) Reposición de redes de baja tensión. *b*) Cambio de red abierta por red trenzada. *c*) Balanceo de cargas en las fases.
E	Repotenciación	Cambio de transformador por uno de capacidad superior al instalado.

Tabla 3-2: Actividades de mantenimiento y descripción de sus tareas. [Propio]

actividad **E** será asignada a todos aquellos transformadores que según su capacidad nominal, el número y tipo de clientes está llegando al límite de la sobrecarga (límite operativo 120 % de la potencia nominal).

3.4. Resumen

La metodología propuesta e implementada en este capítulo utiliza una mezcla de criterios basados en la confiabilidad, el riesgo y condiciones de operación que son analizadas, procesadas y proyectadas mediante Machine Learning, específicamente el algoritmo de SVM de MATLAB para proporcionar un conjunto de transformadores predichos como de alto riesgo. A estos transformadores se les asignan las tareas propuestas según su tendencia al riesgo.

Capítulo 4

Resultados

4.1. Introducción

En este capítulo se presentan los resultados obtenidos a partir de la implementación de la metodología propuesta en el capítulo anterior con los datos obtenidos del operador de red, los cuales se interpretan y analizan para poder plantear las conclusiones.

La presentación de los resultados se ordenó de la siguiente manera: en primer lugar el modelo de clasificación, luego el modelo predictivo, a partir de la predicción del año en curso 2021 se presenta el plan de mantenimiento y finalmente el análisis costo beneficio.

4.2. Modelos de clasificación

Las variables predictoras X_i del conjunto de datos de entrenamiento que más aportan a la variable predicha Y_i del modelo obtenido mediante una clasificación binaria con el algoritmo SVM se pueden ver en la Fig. **4-1**

La tasa de quema de los transformadores es la variable predictora que más influye en el modelo; esto puede ser confirmado mediante la intuición. La segunda variable de mayor importancia es la localización del transformador; esta variable es discreta (rural o urbana), siendo la parte rural del departamento del Cauca (Colombia) donde la mayoría de

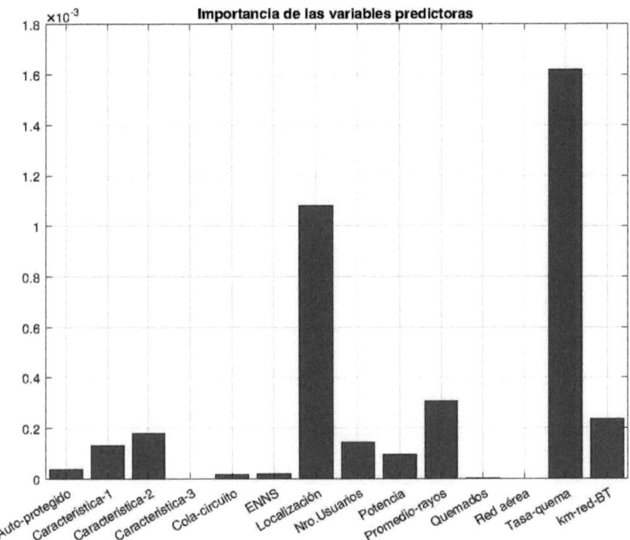

Figura 4-1: Importancia de las variables de entrada para el clasificador SVM. [Propio]

transformadores de distribución se queman. Las Fig. 4.2(a) y 4.2(b) muestran el número de transformadores quemados en los años 2019 y 2020 respectivamente.

Los resultados evidencian la falta de mantenimiento preventivo de los transformadores en la parte rural; cabe destacar que son los más alejados de la zona urbana de los municipios, además de tener asociados factores de riesgo de corto circuito por baja tensión. Los transformadores que más sufren daño son los de baja potencia nominal (menores a 20 [kVA]), como se evidencia en las Figs. 4.3(a) y 4.3(b).

Estos transformadores se encuentran, en su gran mayoría, en la parte rural del departamento del Cauca y tienen el riesgo de sobrecarga eléctrica a causa de las conexiones ilegales muy comunes en estas zonas, debido a las condiciones socio-económicas.

A partir del conjunto de datos de entrenamiento y prueba de los años 2019 y 2020, se

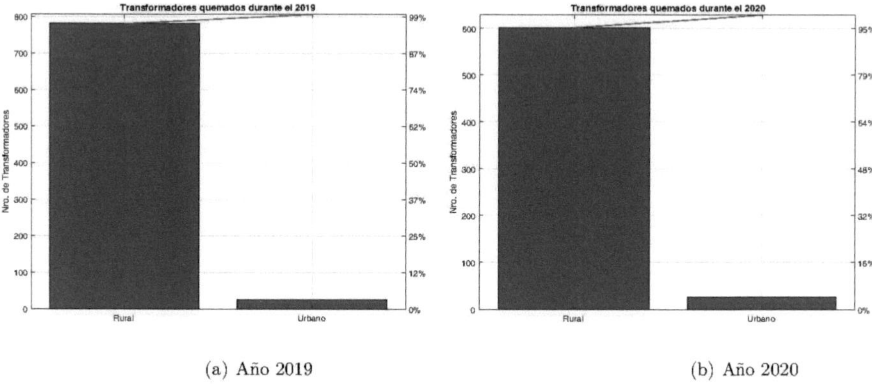

(a) Año 2019 (b) Año 2020

Figura 4-2: Diagrama de pareto para los transformadores dañados según su localización. [Propio]

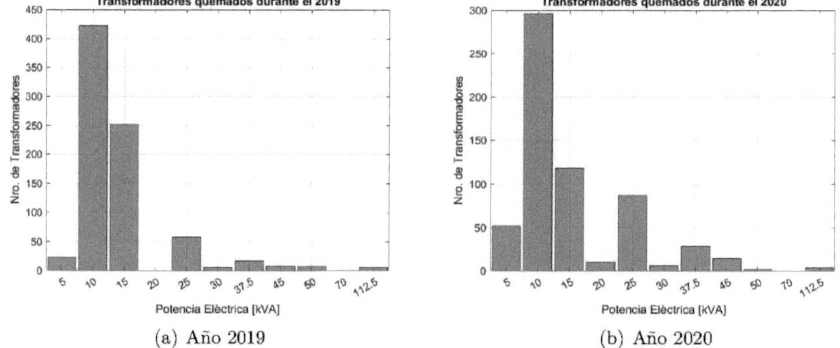

(a) Año 2019 (b) Año 2020

Figura 4-3: Distribución de los transformadores dañados según potencia nominal.[Propio]

construyeron dos modelos SVM de clasificación binaria. Los resultados se resumen en la tabla **4-1**.

La explicación de la tabla para el año 2019 es la siguiente: la exactitud de los aciertos para la clasificación (en buen estado y quemados) de los transformadores es del 95.43 %, para un total de 825 transformadores quemados (variable de salida); el modelo predice un

Año	Error entrenamiento	Error prueba	Exactitud	Total Quemados	Porcentaje de Acierto
2019	0.0099	0.1629	0.9543	825	56.1338
2020	0.0170	0.1304	0.9739	441	52.1463

Tabla 4-1: Resumen Validación del modelo para los años 2019 y 2020. [Propio]

acierto del 56.13 % para esta variable de interés.

Las gráficas de confusión 4.4(a) y 4.4(b) validan los modelos SVM para los años 2019 y 2020. La clasificación binaria muestra en la diagonal principal los resultados de los aciertos para las clases predichas (0 corresponde a transformadores en buen estado y 1 a los transformadores dañados); para el año 2020 el modelo acertó en 328 transformadores dañados de un total de 441, con un porcentaje de acierto del 52.14 %.

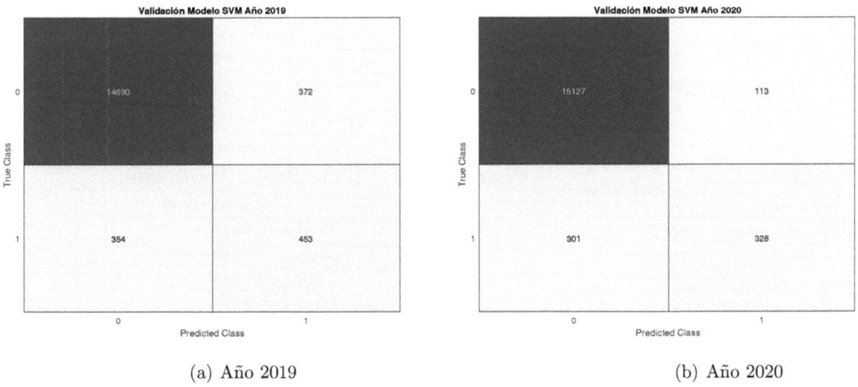

(a) Año 2019 (b) Año 2020

Figura 4-4: Gráficas de Validación del modelo para los años 2019 y 2020. [Propio]

El conjunto de datos del modelos SVM correspondiente al año 2019, fue conformado con 2417 datos para el entrenamiento (que contiene todos los transformadores quemados y parte de los que están en buen estado) y los 13452 restantes para la validación, de igual forma para el año 2020. Estos modelos se validan con los datos de cada año, pero no son modelos predictivos para realizar el plan de mantenimiento de años futuros como el 2021; para ello deben construirse modelos predictivos.

Modelo Predictivo

A diferencia de un modelo de clasificación binaria ordinario, donde los datos de entrenamiento y prueba corresponden al mismo año, es imposible tener los datos de prueba para el año actual (2021), por lo que se usaron los años del año inmediatamente anterior (datos de entrenamiento) para construir el modelo de predicción del año 2021.

Para validar el poder de predicción de esta aproximación, se entrenó a un modelo SVM con un conjunto de datos del 2019 y se validó con información del año 2020. El conjunto de datos de entrenamiento de 2019 fue modificado en la variable tasa de quema, esta variable contiene información del histórico de fallas del transformador, y se actualizó con los datos acumulados al final del año. El conjunto de datos de entrenamiento fue de 1585, y se actualizo mes a mes con los datos registrados en el sistema central con el propósito de aumentar la capacidad predictiva del modelo. La tabla **4-2** muestra la validación del modelo predictivo durante el año 2020, actualizándose mes a mes con los datos registrados del año en curso (2020) en el sistema central y eliminando los del año anterior con el propósito de aumentar la capacidad predictiva del modelo, en lugar de esperar al finalizar el año para ajustar la información.

Mes 2020	**Error entrenamiento**	**Error prueba**	**Exactitud**	**Total quemados**	**Porcentaje de acierto**
Enero	0.0028	0.4561	0.8704	1576	11.7647
Febrero	0.0028	0.4186	0.8638	1812	22.2576
Marzo	0.0022	0.3845	0.8789	1642	27.8219
Abril	0.0028	0.3384	0.8953	1482	35.7711
Mayo	0.0034	0.2981	0.9061	1401	42.925
Junio	0.0029	0.2748	0.9137	1328	46.7409
Julio	0.0023	0.2413	0.9190	1339	54.2130
Agosto	0.0023	0.2189	0.9237	1322	58.8235
Septiembre	0.0029	0.1770	0.9293	1349	68.0445
Octubre	0.0041	0.1346	0.9433	1223	75.6757
Noviembre	0.0059	0.1000	0.9519	1171	82.3529
Diciembre	0.0067	0.0550	0.9694	997	90.6200

Tabla 4-2: Validación del modelo predictivo mes a mes del año 2020. [Propio]

Los valores de las dos ultimas columnas se muestran en la Fig. 4.5(a), a medida que se actualiza la información cada mes y eliminando la del mismo mes pero del año anterior. El numero de transformadores quemados predichos por el modelo disminuye (excepto en el mes de febrero) y el porcentaje de aciertos en los transformadores quemados predichos por el modelo, aumenta. Al final del año 2020, el porcentaje de acierto de la variable de salida (transformadores quemados) es del 90.62 %, lo que valida la capacidad predictiva del modelo de clasificación binaria, si este actualiza la información de la base de datos de entrenamiento mes a mes.

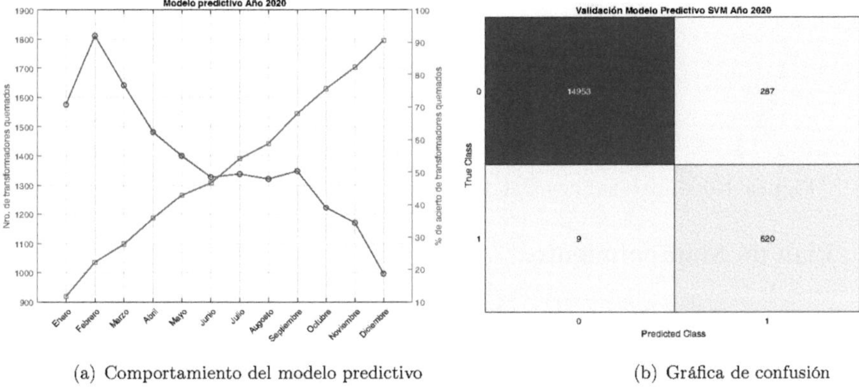

(a) Comportamiento del modelo predictivo (b) Gráfica de confusión

Figura 4-5: Gráficas de validación del modelo predictivo del año 2020. [Propio]

La predicción para el año 2021 arrojó 910 transformadores de los cuales 870 se encuentran en zona rural del Cauca, lo cual concuerda con las tendencias de falla en los años anteriores. En la Fig. **4-6** se presenta la distribución de las capacidades nominales para los transformadores predichos, en donde se evidencia que los transformadores de 10 kVA continúan siendo prioridad en riesgo. Por el contrario, para esta predicción el algoritmo no le dio prioridad a los transformadores que según el estudio de nivel ceráunico presentan alto riesgo de quema, ya que solo 217 transformadores (23.8 %) pertenecen a él. La mayoría de los transformadores alimentan al sector residencial (98.9 %), siendo sus clientes los más vulnerables y afectados en su calidad de vida y bienestar.

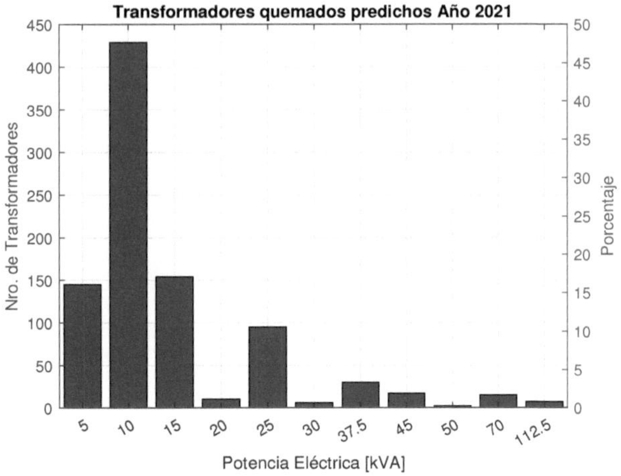

Figura 4-6: Capacidad nominal del conjunto de transformadores predichos. [Propio]

Plan de Mantenimiento

Aplicando la formulación de la programación del plan de mantenimiento de la sección anterior a los 910 transformadores predichos por el algoritmo SVM como más probables para falla por quema en el 2021. En la tabla **4-3** se presenta la cantidad total sugerida de cada actividad; se debe tener en cuenta que hay transformadores a los que se les sugiere más de una actividad a la vez. La actividad A es la inspección general, por lo cual se aplica a la totalidad del conjunto.

Actividad	A	B	C	D	E
Nro. Transformadores	910	597	277	240	136

Tabla 4-3: Actividades sugeridas en el plan de mantenimiento 2021. [Propio]

En la tabla **4-4** se presenta la distribución de actividades que se sugiere para el grupo de transformadores predichos. Se entiende que 161 transformadores requieren solo una actividad; en este caso es la inspección general que por defecto se asigna a todos los transformadores de la muestra. Por otro lado, en el otro extremo se tienen 14 transformadores que requieren las 5 actividades propuestas, a estos equipos se sugiere darle prioridad en la inspección ya que estadísticamente son los que presentan alto riesgo de falla por múltiples factores como descarga atmosférica, corto circuito en baja tensión por riesgo forestal,fraude y sobrecarga.

Nro. Actividades requeridas (A, B, C, D, E)	Nro. Transformadores
1	161
2	393
3	225
4	117
5	14
TOTAL	910

Tabla 4-4: Distribución de actividades para el grupo de transformadores predichos. [Propio]

4.3. Análisis financiero de la implementación del plan de mantenimiento

En términos de costos por mantenimiento correctivo, en el año 2020 se invirtieron $3.271.763.447,42 millones de pesos colombianos (COP) en la reposición de transformadores de distribu-ción quemados, $1.009.900.783,38 (COP) correspondiente a gastos por mano de obra y$2.261.862.664,04 (COP) a material. A esto debe sumarse los ingresos no percibidos por energía no suministrada, debido a la suspensión no programada del servicio causada por el evento de falla, equivalente en total a 82.458,44 horas durante el año 2020. La cifra puntual en dinero depende directamente de la tarifa aplicada al usuario final; por lo cual para términos prácticos y comparativos, se hará referencia a las horas sin fluido eléctrico. En promedio 126,47 horas por falla, es decir un tiempo de respuesta de 5 días, donde por lo general se cumple 4 días en zona rural y un (1) día en zona urbana.

Analizando las predicciones para el año 2020 mes a mes y comparando con los hechos reales se obtiene la tabla **4-5**, en ella se evidencia que el potencial predictivo del algoritmo es más alto iniciando el ciclo de evaluación (año) ya que, a medida que los eventos de falla empiezan a ocurrir, éste tiende a clasificar en mayor medida, reconociendo los equipos que ya se han quemado.

A lo largo de las predicciones en el transcurso de los meses, el conjunto de transformadores predichos varía parcialmente. Los valores su detallan en la última columna *Nuevos Predichos* de la tabla **4-5**. En total 86 transformadores fueron identificados correctamente antes de su falla, 74 de ellos para el mes de enero lo que garantiza un 86 % del potencial

Mes 2020	Total Predicciones	Total Aciertos	Predicción Real	Diferencia	Nuevos Predichos
Enero	1576	74	74	0	74
Febrero	1812	140	75	65	7
Marzo	1642	175	61	114	2
Abril	1482	225	41	184	2
Mayo	1401	270	30	240	0
Junio	1328	294	10	274	0
Julio	1339	341	16	325	0
Agosto	1322	370	14	356	0
Septiembre	1349	428	12	416	0
Octubre	1223	476	6	470	1
Noviembre	1171	518	5	513	0
Diciembre	997	570	4	566	0

Tabla 4-5: Clasificación de los transformadores quemados mes a mes del año 2020. [Propio]

de predicción; para el mes de febrero se suman 7 transformadores más, a partir de la experiencia del mes anterior, en marzo 2 más al igual que en abril y es uno (1) en octubre donde finalmente se completan los 86 equipos efectivos.

Teniendo en cuenta estas cifras, los costos de reposición y las horas sin fluido eléctrico, en el caso hipotético de haber aplicado la metodología propuesta en este trabajo había sido posible lograr un ahorro hasta de $ 431.551.620,36 (COP) incluyendo material y mano de obra; además de 10.876,42 horas de servicio interrumpido por la falla, que hubiesen sido reemplazadas por 344 horas de suspensión programada debido al mantenimiento predictivo, tomando un promedio de 4 horas por la ejecución de los trabajos.

En términos del presupuesto de mantenimiento correctivo, se tiene una disminución del 13 % en los gastos al igual que en horas sin fluido eléctrico.

4.4. Conclusión

La metodología propuesta se basa en la clasificación predictiva, modelo que encuentra el número mínimo de transformadores de distribución propensos a fallar. Para verificar esto, el modelo fue implementado y probado con datos reales en el departamento del

Cauca (Colombia). Se puede lograr una solución eficaz para programar el mantenimiento predictivo para los transformadores de distribución. La implementación de la metodología permite un ahorro del 13 % en los gastos de mantenimiento correctivo para el año 2020. El modelo propuesto es una herramienta eficaz para la toma de decisiones, que proporciona una solución ideal para los problemas de programación del mantenimiento preventivo de los transformadores de distribución.

Conclusiones y Perspectivas

En este trabajo el problema de predicción en la falla de transformadores de distribución es abordado mediante técnicas de Machine Learning. Desde el punto de vista del Machine Learning este es un problema de clasificación binaria. El modelo predictivo obtenido mediante esta aproximación, permite construir un plan de mantenimiento predictivo, reduciendo los costos del mantenimiento correctivo en un 13 % y optimizando los recursos asignados al área de mantenimiento de la Compañía Energética de Occidente.

Los algoritmos de Machine Learning encuentran patrones naturales en los datos que generan información y permiten tomar mejores decisiones y predicciones. Machine Learning Toolbox de MATLAB ™ proporciona funciones de análisis de datos para recopilar tendencias y patrones a partir de un conjunto masivo de datos. El algoritmo de clasificación binaria usado fue el Support Vector Machine (SVM) que muestra un menor porcentaje de error en la capacidad predictiva de la falla en transformadores de distribución. Se presentaron algunos inconvenientes en el estudio; la información de fallas de los transformadores abarca pocas variables predictoras. Si se logra aumentar las variables predictoras, como por ejemplo: tiempo que lleva operando el equipo, intensidad de corriente en bornes de baja tensión, temperatura de operación, humedad del entorno, nivel de aceite, monitoreo del clima, etc. Esta información podría ayudar al algoritmo de Machine Learning para capturar la tendencia en las fallas de los transformadores.

El futuro del mantenimiento en la industria es digital. Los avances de la tecnología y el internet de las cosas facilitan interconectar los dispositivos y máquinas, lo que permite a técnicos de mantenimiento y supervisores tener a su disposición datos en tiempo real del estado de estos artefactos; esto permite evolucionar los conceptos de mantenimiento correctivo y preventivo para dejar en primer lugar el mantenimiento predictivo, enfocado en la detección de fallas, con lo cual las empresas gestionarán la programación de mantenimiento para sus industrias, reduciendo la cantidad de sobrecostos por daños y averías.

Perspectivas

En el futuro se planea construir modelos predictivos con Machine Learning para estimar la vida útil restante de los transformadores de distribución. Una estimación precisa de la vida útil restante de los transformadores podría facilitar el desarrollo de un plan de mantenimiento más rentable para las empresas de distribución de energía eléctrica.

Se recomienda la aplicación de esta metodología a cualquier tipo de elemento de la red, como protecciones, líneas, reconectadores, seccionadores y demás; siempre y cuando se tenga identificada la naturaleza de la falla y se cuente con la información necesaria para el entrenamiento.

Bibliografía

[mai, 2018] (2018). *Maintenance Optimization Programme for Nuclear Power Plants.* Number NP-T-3.8 in Nuclear Energy Series. INTERNATIONAL ATOMIC ENERGY AGENCY, Vienna.

[Abdussalam Nuhu et al., 2020] Abdussalam Nuhu, A., Zeeshan, Q., Korhan, O., Asmael, M., and Safaei, B. (2020). Machine learning in predictive maintenance towards sustainable smart manufacturing in industry 4.0. *Sustainability*, 12(19):8211.

[ACIEM2014, 2014] ACIEM2014 (2014). Guía de los fundamentos de mantenimiento y confiabilidad.

[Ahmet, 2018] Ahmet, C. (2018). *Artificial Intelligence: How Advanced Machine Learning Will Shape the Future of Our World.* Independently Published.

[Alhamad and Alhajri, 2019] Alhamad, K. and Alhajri, M. (2019). A zero-one integer programming for preventive maintenance scheduling for electricity and distiller plants with production. *Journal of Quality in Maintenance Engineering*, 26(4):555–574.

[Amihai et al., 2018] Amihai, I., Gitzel, R., Kotriwala, A. M., Pareschi, D., Subbiah, S., and Sosale, G. (2018). An industrial case study using vibration data and machine learning to predict asset health. In *2018 IEEE 20th Conference on Business Informatics (CBI)*, volume 01, pages 178–185.

[Amruthnath and Gupta, 2018] Amruthnath, N. and Gupta, T. (2018). A research study on unsupervised machine learning algorithms for early fault detection in predictive maintenance. In *2018 5th International Conference on Industrial Engineering and Applications (ICIEA)*, pages 355–361.

[Biswal and Sabareesh, 2015] Biswal, S. and Sabareesh, G. R. (2015). Design and development of a wind turbine test rig for condition monitoring studies. In *2015 International Conference on Industrial Instrumentation and Control (ICIC)*, pages 891–896.

[Borgi et al., 2017] Borgi, T., Hidri, A., Neef, B., and Naceur, M. S. (2017). Data analytics for predictive maintenance of industrial robots. In *2017 International Conference on Advanced Systems and Electric Technologies (ICASET)*, pages 412–417.

[Bravo Montenegro, 2012] Bravo Montenegro, D. A. (2012). *Identificación de Sistemas Multivariables. Teoría y Práctica.*

[Brown, 2017] Brown, R. (2017). *Electric Power Distribution Reliability.* Power Engineering (Willis). CRC Press.

[Butte et al., 2018] Butte, S., Prashanth, A. R., and Patil, S. (2018). Machine learning based predictive maintenance strategy: A super learning approach with deep neural networks. In *2018 IEEE Workshop on Microelectronics and Electron Devices (WMED)*, pages 1–5.

[Carvalho et al., 2019] Carvalho, T. P., Soares, F. A. A. M. N., Vita, R., da P. Francisco, R., Basto, J. P., and Alcala, S. G. S. (2019). A systematic literature review of machine learning methods applied to predictive maintenance. *Computers and Industrial Engineering*, 137:106024.

[CREG, 1998] CREG (1998). Resolución creg 070 de 1998.

[CREG, 1999a] CREG (1999a). Resolución creg 025 de 1999.

[CREG, 1999b] CREG (1999b). Resolución creg 089 de 1999.

[CREG, 2003] CREG (2003). Resolución creg 113 de 2003.

[de Colombia, 1994a] de Colombia, R. (1994a). Ley 142 de 1994.

[de Colombia, 1994b] de Colombia, R. (1994b). Ley 143 de 1994.

[Freund and Schapire, 1996] Freund, Y. and Schapire, R. E. (1996). Experiments with a new boosting algorithm. In *Proceedings of the Thirteenth International Conference on International Conference on Machine Learning*, ICML 96, pages 148–156, San Francisco, CA, USA. Morgan Kaufmann Publishers Inc.

[Frimpong and Taylor, 2003] Frimpong, G. and Taylor, T. (2003). Developing an effective condition based maintenance program for substation equipment. In *Rural Electric Power Conference, 2003*, pages C6–C6.

[Garrido, 2010] Garrido, S. (2010). *Organización y gestión integral de mantenimiento*. Editorial Díaz de Santos, S.A.

[Heathcote, 2013] Heathcote, M. J. (2013). Electric power transformer engineering, third edition [book reviews]. *IEEE Power and Energy Magazine*, 11(5):94–95.

[Kanawaday and Sane, 2017] Kanawaday, A. and Sane, A. (2017). Machine learning for predictive maintenance of industrial machines using iot sensor data. In *2017 8th IEEE International Conference on Software Engineering and Service Science (ICSESS)*, pages 87–90.

[Kersting, 2016] Kersting, W. (2016). *Distribution System Modeling and Analysis*. CRC Press.

[Li et al., 2014] Li, H., Parikh, D., He, Q., Qian, B., Li, Z., Fang, D., and Hampapur, A. (2014). Improving rail network velocity: A machine learning approach to predictive maintenance. *Transportation Research Part C: Emerging Technologies*, 45:17 – 26. Advances in Computing and Communications and their Impact on Transportation Science and Technologies.

[Ling Wang et al., 2009] Ling Wang, Enhui Zheng, Yuntang Li, Binrui Wang, and Jinjin Wu (2009). Maintenance optimization of generating equipment based on a condition-based maintenance policy for multi-unit systems. In *2009 Chinese Control and Decision Conference*, pages 2440–2445.

[Liu et al., 2012] Liu, X., Li, J., Al-Khalifa, K., Hamouda, A., Coit, D., and Elsayed, E. (2012). A framework for condition-based maintenance scheduling. pages 1–3.

[Mesa Grajales et al., 2006] Mesa Grajales, D., Ortiz Sánchez, Y., and Pinzón, M. (2006). La confiabilidad, la disponibilidad y la mantenibilidad, disciplinas modernas aplicadas al mantenimiento. *Scientia et Technica*, 1(30).

[Munier, 2014] Munier, N. (2014). *Risk management for engineering projects: Procedures, methods and tools*.

[Naresh et al., 2008] Naresh, R., Sharma, V., and Vashisth, M. (2008). An integrated neural fuzzy approach for fault diagnosis of transformers. *IEEE Transactions on Power Delivery*, 23(4):2017–2024.

[Peres et al., 2018] Peres, R. S., Dionisio Rocha, A., Leitao, P., and Barata, J. (2018). Idarts towards intelligent data analysis and real-time supervision for industry 4.0. *Computers in Industry*, 101:138 – 146.

[Pistarelli, 2010] Pistarelli, A. (2010). *Manual de mantenimiento: ingeniería, gestión y organización*. Pistarelli.

[Radziwill, 2017] Radziwill, N. (2017). Risk-based, management-led, audit-driven safety management systems. *Quality Management Journal*, 24:56–57.

[Raydugin, 2013] Raydugin, Y. (2013). *Project Risk Management: Essential Methods for Project Teams and Decision Makers*. Wiley Corporate F&A. Wiley.

[Rosso and Ghia, 2012] Rosso, D. and Ghia (2012). *Efectos de la interrupción del suministro eléctrico y adaptación de los sistemas eléctricos a eventos extremos*. Cámara Argentina de la construcción.

[Salami and Pahlevani, 2008] Salami, A. and Pahlevani, P. (2008). Neural network approach for fault diagnosis of transformers. In *2008 International Conference on Condition Monitoring and Diagnosis*, pages 1346–1349.

[Sezer et al., 2018] Sezer, E., Romero, D., Guedea, F., Macchi, M., and Emmanouilidis, C. (2018). An industry 4.0-enabled low cost predictive maintenance approach for smes. In *2018 IEEE International Conference on Engineering, Technology and Innovation (ICE/ITMC)*, pages 1–8.

[Shayesteh and Hilber, 2016] Shayesteh, E. and Hilber, P. (2016). Reliability-centered asset management using component reliability importance. In *2016 International Conference on Probabilistic Methods Applied to Power Systems (PMAPS)*, pages 1–6.

[Stringer et al., 2019] Stringer, A. D., Thompson, C. C., and Barriga, C. I. (2019). Analysis of historical transformer failure and maintenance data: Effects of era, age, and maintenance on component failure rates. *IEEE Transactions on Industry Applications*, 55(6):5643–5651.

[Transformers, 2019] Transformers, B. A. D. (2019). *ABB Power Technology Products, transformers catalog 2019*, switzerland edition.

[UPME, 2014] UPME (2014). Una revisión necesaria de los factores de indexación de los costos de racionamiento en colombia. Technical report, Gobierno de Colombia.

[Vafaei et al., 2019] Vafaei, N., Ribeiro, R. A., and Matos, L. M. C. (2019). Fuzzy early warning systems for condition based maintenance. *Computers and Industrial Engineering*, 128:736 – 746.

[Vergara, 2010] Vergara, J. A. J. (2010). Tacticas de mantenimiento. Technical report, Universidad EAFIT.

[Wan et al., 2017] Wan, J., Tang, S., Li, D., Wang, S., Liu, C., Abbas, H., and Vasilakos, A. V. (2017). A manufacturing big data solution for active preventive maintenance. *IEEE Transactions on Industrial Informatics*, 13(4):2039–2047.

[Yi et al., 2016] Yi, J.-H., Wang, J., and Wang, G.-G. (2016). Improved probabilistic neural networks with self-adaptive strategies for transformer fault diagnosis problem. *Advances in Mechanical Engineering*, 8(1):1687814015624832.

Printed by Books on Demand GmbH, Norderstedt / Germany